はじめての「Android 5」プログラミング

はじめに

　モバイル機器の重要な特性を二つ挙げると、「画面のデザイン」と「速さ」と言えるでしょう。
　「画面のデザイン」は「見やすく、操作しやすい」ことが必要で、その中にも「楽しさ」が欲しいところです。
　「速さ」は機器の性能次第ではありますが、効率的なプログラムによっても改善されることが多く、また画面操作上の「体感速度」の向上も方法の一つです。

　「Android 5.0」の大きな変更点は、まさにこの二つを狙っています。

　外観は、「マテリアル・デザイン」と呼ばれる仕様に変わり、フラットながらも、「厚み」や「上下の位置関係」が与えられ、しっかりした指針のもとにカラフルな色が使えます。
　一方、テーブル（表）の描画プロセスを大幅に改良した「RecyclerView」が、「新しいAPI」として登場しました。

　本書では、「Android5.0」の新機能を中心にしたプログラムを作ります。
　また、解説には新しい開発ツール「Android Studio」を使います。
　はじめてAndroidでプログラミングする人のために、Androidプログラミングの基本や、従来から使われている重要な仕様も解説しています。

　本書を読むことで、「Android 5.0」の魅力を知っていただけたら幸いです。

　　　　　　　　　　　　　　　　　　　　　　　　　　　清水　美樹

はじめての「Android 5」プログラミング

CONTENTS

はじめに ……………………………………………………………………… 3
サンプルファイルのダウンロード ……………………………………… 6
開発環境について ………………………………………………………… 6

第0章　「Android 5.0」の特徴
[0-1]　「Android 5.0」で新しくなったところ …………………………… 7
[0-2]　新しい開発環境「Android Studio」 ……………………………… 14

第1章　「Android Studio」の概要
[1-1]　入手とインストール ……………………………………………… 15
[1-2]　「Android Studio」の起動 ………………………………………… 18
[1-3]　「Android Studio」のプロジェクト ……………………………… 20
[1-4]　アップデートを確認 ……………………………………………… 23
[1-5]　「Android仮想デバイス」の作成 ………………………………… 26

第2章　マテリアル・デザイン
[2-1]　「マテリアル・デザイン」とは …………………………………… 33
[2-2]　マテリアルなデザインの部品とは ……………………………… 37
[2-3]　「カラー・パレット」の使用 ……………………………………… 46
[2-4]　「styles.xml」の設定 ……………………………………………… 51
[2-5]　「アプリケーション・アイコン」の変更 ………………………… 55

第3章　ツール・バー
[3-1]　「ツール・バー」の登場 …………………………………………… 59
[3-2]　2本目の「ツール・バー」のレイアウト ………………………… 77
[3-3]　2本目の「ツール・バー」の動作 ………………………………… 80

第4章　フローティング・ボタン
[4-1]　「フローティング・ボタン」とは ………………………………… 84
[4-2]　プログラミングの準備 …………………………………………… 86
[4-3]　ボタンの「色」と「形」 ……………………………………………… 90
[4-4]　「ボタンの実体」をレイアウト …………………………………… 92

[4-5]	「ボタンを置く画面」のレイアウト……………………………… 96
[4-6]	ボタンを描くJavaクラス…………………………………………… 99
[4-7]	ボタンを載せる「フラグメント」………………………………… 102

第5章　　　　　　　　　RecyclerView

[5-1]	「RecyclerView」とは ……………………………………………… 107
[5-2]	「サポート・ライブラリ」のインストール…………………… 110
[5-3]	レイアウトファイル……………………………………………… 113
[5-4]	「アダプタ」のプログラミング………………………………… 116
[5-5]	「アダプタ」を用いるフラグメント…………………………… 122
[5-6]	アプリの完成……………………………………………………… 126

第6章　　　　　　　　　CardView

[6-1]	簡単な「CardView」のアプリ…………………………………… 127
[6-2]	プロジェクト「CatList」の準備………………………………… 134
[6-3]	アプリのレイアウト……………………………………………… 136
[6-4]	「ビュー・ホルダー」と「アダプタ」…………………………… 140
[6-5]	「フラグメント」と「アクティビティ」………………………… 143

第7章　　　　　アクティビティ・トランジション

[7-1]	画面間のトランジションとは………………………………… 146
[7-2]	簡単なデモアプリの準備………………………………………… 149
[7-3]	「画面の切り替え」と「アニメーション化」………………… 158
[7-4]	より複雑なアプリでの「画面の切り替え」………………… 163

第8章　　　　　　　　「通知」の新しい仕様

[8-1]	通知発行の基本…………………………………………………… 178
[8-2]	通知の公開性……………………………………………………… 190
[8-3]	「ヘッドアップ型」の通知……………………………………… 201

索引 ……………………………………………………………………………… 206

サンプルファイルのダウンロード

本書の「サンプルファイル」は、工学社ホームページのサポートコーナーからダウンロードできます。

＜工学社ホームページ＞

http://www.kohgakusha.co.jp/

ダウンロードしたファイルを解凍するには、下記のパスワードを入力してください。

6qACvND9eggJ

すべて「半角」で、「大文字」「小文字」を間違えないように入力してください。

開発環境について

本書で用いているOSと開発環境は、以下の通りです。

・Windows 8.1
・Android SDK r24
・Android Studio 1.0.2

●各製品名は一般に各社の登録商標または商標ですが、®およびTMは省略しています。

第0章 「Android 5.0」の特徴

はじめに、「Android 5.0」の新しい特徴と、新たに学習するべき点を説明します。
本書で実現するプログラムの実行結果の一部も示すので、これからの学習のイメージをつかんでください。

0-1 「Android 5.0」で新しくなったところ

■「実行環境」の変化

●アプリ作成には影響なし

「Android 5.0」の最も大きな変化は、実はアプリの動く下にある「実行環境」（ランタイム）の変化で、これまでの「Dalvik」から「ART」と呼ばれるものになりました。

「動作の改善」「メモリの節約」「デバッグ機能の改善」などの改良が行なわれています。

これは、「Android OS」としては決定的な変更ですが、その上で動くアプリ作成に関わる変更点は多くありません。

注意が必要なのは、アプリに「JNIなどのハードを直接制御するコード」や、「サードパーティの暗号化ツール」を使っている場合などです。

しかし、「Android SDK」の標準APIを利用して作った従来のアプリは、問題なく動きます。

■「UIデザイン」の変化

●マテリアル・デザイン

「Android 5.0」を手にしたユーザーが感じるであろうもっとも大きな変化は、「UI」（ユーザーが操作する画面）のデザインです。

第0章　「Android 5.0」の特徴

これまでの「Holo」などから、「マテリアル・デザイン」と呼ばれる仕様になりました。

図0-1のように、平面的で骨太のデザインになります。

一方で、「Z方向」の表現があり、1つの部品の上に、他の部品を配置できます。

図0-1　平面的で骨太のデザイン

図0-2　部品の上に部品を配置

● 「標準テーマ」で作業すれば簡単

標準の「マテリアル・デザイン」は、Androidの「テーマ」を「Material」に設定すれば使えます。

「標準の設定」の中だけで部品を置いていけば、自動でバランスのいいデザインになります。

本書では、「標準の設定」の中で、レイアウトを行ないます。

・新たに学習する項目

「マテリアル・デザイン」を実現するために、「Theme.Material」という新しいテーマに特有の記述を学びます。

・従来の学習項目との関連

Androidアプリの学習を「Android 5.0」から始めるのであれば、画面

の外観を記述するための「レイアウトファイル」「styles.xml」「dimens.xml」「colors.xml」など、「リソースファイル」の書き方を学ぶことができます。

■「アクション・ボタン」のデザインが自由に

●「アクション・バー」から「ツール・バー」へ

「Android 5.0」では、「アクション・バー」より配置やデザインの点でさらに自由度が増した「ツール・バー」が登場しました。

図0-3 ツール・バー

●今後注目される「フローティング・ボタン」

自由な配置や形をとる「アクション・ボタン」の最も顕著な例が、図0-2にも示した「フローティング・ボタン」です。

まとまった「ウィジェット」としてはまだ与えられていませんが、「Android 5.0」で登場したいろいろな仕様を組み合わせて実現します。

・新たに学習する項目

新しい「ウィジェット・クラス」の「ToolBar」や、「エレベーション」「クリッピング」などの新しい描画方法を学びます。

・従来の学習項目との関連

「menu.xml」など、いろいろな「リソースファイル」や「フラグメント・クラス」の書き方を学びます。

第0章 「Android 5.0」の特徴

■「リサイクラー・ビュー」と「カード・ビュー」

●「リスト・ビュー」が簡単になった「リサイクラー・ビュー」

「Android 5.0」とともに登場した、2つの新しい部品があります。

そのうちのひとつ「リサイクラー・ビュー」は、「リスト・ビュー」を極めて簡単に書けるようにした仕様です。

●「リサイクラー」と合わせて使う「カード・ビュー」

「カード・ビュー」は、その名の通りカードの形をしたビューです。

「リサイクラー・ビュー」と組み合わせることによって、画面をスクロールして次々とカードを見ていくような新しい表示方法を、簡単に実現します。

・新たに学習する項目

まったく新しい「ビュー・クラス」の「RecyclerView」と「CardView」を、最初から学びます。

・従来の学習項目との関連

従来の「アダプタ」「ビュー・ホルダー」というインスタンスの使い方がより簡単な書き方になったため、容易に理解できるでしょう。

図0-4 「リサイクラー・ビュー」と「カード・ビュー」の組み合わせ

■アクティビティ・トランジション

「Android 5.0」では、異なるアクティビティ間で、図や部品をアニメーションでやり取りできます。

図0-5のように画面を切り替えると、「テキスト・ビュー」が画面間をアニメーションで行き来するように見えます。

図0-5 「アクティビティ画面」の間を、部品が行き来する

・新たに学習する項目

「アクティビティ・トランジション」を実現するための、「ActivityOptions.makeSceneTransitionAnimation」というメソッドの使い方を学びます。

・従来の学習項目との関連

「アクティビティ」「イベント・リスナー」「インテント」などの従来の技術を、まとめて学べます。

■新しい通知方法

●「ロック・スクリーン」に通知を表示

「Android 5.0」では、「ロック・スクリーン」上に「通知」を表示できるようになりました。

そのため、「通知」に「公開」「非公開」などのメタデータをつけて、「ロック・スクリーン」上での表示内容をコントロールします。

第0章 「Android 5.0」の特徴

図0-6　「ロック・スクリーン」上に通知を表示

●「ヘッドアップ」型の通知

　重要性の大きい「通知」をフルスクリーンにして、操作中の画面上に強制表示させる方法は、従来からありました。

　「Android 5.0」では、それを画面の上部だけ出すので、前より邪魔にならなくなっています。

　この様式を、「Heads-up（ヘッドアップ）型」と呼びます。

　コードの書き方は、従来と同じです。

図0-7　「ヘッドアップ」型の通知

・新たに学習する項目

　「Notification.VISIBILITY_PUBLIC」などの、新しいメタデータを学びます。

　「ヘッドアップ通知」については、従来のコードと同じで、実行結果が

違うだけです。

・従来の学習項目との関連
　基本的な「通知」の表示方法を学びます。

■他の新機能

その他の新機能を、以下に紹介します。

●ドキュメント・セントリック

「Android 5.0」では、「ドキュメント・セントリック」なアプリケーションを用いることができます。

これは、タスクを「アクティビティ」単位ではなく、「文書」単位で数えるアプリで、ユーザーが表示履歴を探しやすくなります。

●スクリーン・キャプチャ

アプリケーション上で「スクリーン・キャプチャ」を撮ったり、ビデオ会議で誰かの画面を共有したりできます。

●「OpenGL ES 3.1」に対応

Javaとネイティブコードで、「OpenGL ES 3.1」に対応しました。

●省電力を目的とした「バックグラウンド・ジョブ」の制御

電源供給やデバイスの負荷に合わせて、「バックグラウンド・ジョブ」を行なうように、細かい制御ができます。

＊

以上の機能についての詳細は、以下のページを参照してください。

https://developer.android.com/about/versions/android-5.0.html

第0章 「Android 5.0」の特徴

0-2 新しい開発環境「Android Studio」

■「Eclipse」から「Android Studio」へ

2014年12月に、Androidの新しい開発ツール「Android Studio」が正式に発表されました。

これは従来の「Eclipse」ベースの開発ツールセット、「ADT」(Android Development Tools)に代わるものです。

ファイルの操作、コード補完、アプリの実行メニューなど、基本的な操作法は「Eclipse」とさほど変わりません。

GUIの「レイアウト・エディタ」も同様に使えます。

■新しいビルドツール「Gradle」

「Android Studio」では、ビルドの自動化は「Gradle」という「スクリプト」形式のファイルを用います。

SDKの「標準ライブラリ」にないサポート・ライブラリは、「Gradle」にライブラリ名を記述して、必要に応じてネットワーク越しのレポジトリから自動ダウンロード＆インストールします。

本書では、「Android Studio」の使い方も解説しながら、プログラミングを学んでいきます。

第1章

「Android Studio」の概要

> 本章では、新しい開発ツール「Android Studio」の使い方を、実際にアプリを作りながら確認していきます。
> 基本的な使い方は、これまでの「Eclipse」と同じなので、重要な変更点のみ説明していきます。

1-1 入手とインストール

■「Android Studio」の入手

「Android Studio」は、以下の「Android開発者サイト」で入手します。

＜Android開発者サイト＞

http://developer.android.com/sdk/index.html

上部のナビゲーションから、「Develop」→「Tools」を選択してください。

図1-1　開発ツールのページに行く

「Android Studio」の最新の安定版は、ダウンロードページの最初にもっとも目立つボタンで表示されています。

Windowsパソコンでアクセスした場合は、Windows用のソフトがダウンロードできます。

第1章 「Android Studio」の概要

図1-2 ダウンロードページ

得られるのは、図1-3のようなアイコンです。
小さなアイコンの表示モードでは、より単純な形に変わります。

図1-3 「Android Studio」のインストーラ

■インストール時に必要な「環境変数」

「Android Studio」をインストールするときに必要なのが、「Windowsの環境変数」にJDKのインストール場所を登録しておくことです。

「環境変数」には、(A) システム全体にかかわる変数と、(B) ユーザーの環境でのみ有効な「ユーザー環境変数」があります。

今回は、(B) を設定します。

*

まず、変数「JAVA_HOME」で、「JDKフォルダ」の場所を登録します。
それから、「%JAVA_HOME%」を用いて変数「PATH」に「JDKフォルダ中のbinフォルダ」の場所を登録します。

[1-1] 入手とインストール

　下の**図1-4**は、JDKのバージョンやインストール先の選択によって違いますが、**図1-5**は常に同じ書き方です。

図1-4　「JAVA_HOME」の設定例

図1-5　「JAVA_HOME」を用いた「PATH」の設定

■「Android Studio」のインストール

　では、**図1-3**をダブルクリックして、インストーラを起動しましょう。

　インストールの設定は、特にカスタマイズしたいことがなければ、すべて初期設定のまま次に進んでも問題ありません。

図1-6　インストーラの起動

第1章 「Android Studio」の概要

■「SDK」も同時にインストール

　「Android Studio」のインストール中に、「Android SDK」のインストール場所を確認するウィンドウが現われます。

　「Android SDK」とは、Android開発環境の本体です。
　初期設定のままインストールを進めることができます。
　ただ、アプリ開発で「SDK」を確認したり操作したりするときのために、心に留めておいてください。

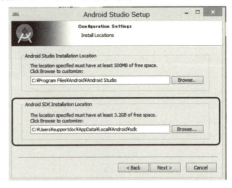

図1-7　「SDK」もあることを心に留めておく

1-2　「Android Studio」の起動

■「Windows7」の場合

　「Windows7」の場合、「Android Studio」はスタートメニューから起動できます。

■「Windows8」の場合

　「Windows8」のデスクトップにはスタートメニューがありません。そのため、最初に「Android Studio」が自動起動したときがチャンスです。

　「タスク・バー」に現われた「Android Studio」のアイコンを右クリックして、メニューから「タスクバーにピン留めする」を選びます。
　これで、「Android Studio」本体を閉じても、「タスク・バー」のアイコンが残るようになるので、次からはデスクトップ上で起動できます。

図1-8　最初の起動で現われる「タスク・バー」のアイコン

[1-2] 「Android Studio」の起動

図1-9　「タスク・バー」にピン留めする

　このチャンスを逃した場合は、一度「ModernUI」に戻らなければなりません。
　「アプリ一覧」を表示して、図1-10のような「タイル」のアイコンから「Android Studio」を起動した上で、「タスク・バー」のアイコンをピン留めします。

図1-10　「ModernUI」のアプリ一覧に登録された「Android Studio」

■「SDK」のパスを聞かれたら

　「Android Studio」が起動すると、「Android SDK」のインストール場所を尋ねるウィンドウが現われるかもしれません。

図1-11　「Android SDK」のインストール場所を尋ねられる

　「Android SDK」がインストールされる標準の場所は、ユーザーフォルダの隠しファイル、「AppData」です。

　そこで、「エクスプローラー」で隠しファイルを表示して、図1-12の場所にあるフォルダのパスをコピーし、図1-11に貼り付けるのが簡単でしょう。

第1章 「Android Studio」の概要

図1-12 エクスプローラーからパスをコピー

「Android Studio」が、SDKの場所を正しく探し当てると、必要なデータが自動でネットワーク越しにインストールされます。

そのあと、最初のプロジェクトを作るための画面が開きます。

図1-13で、「Start a new Android Project」(新規Androidプロジェクトを作る)を選んでください。

図1-13 最初のプロジェクトの作成を開始

1-3 「Android Studio」のプロジェクト

■「ADT」とほぼ同じ

「Android Studio」のプロジェクトの作成ウィザードは、以前の開発ツール「ADT」とほぼ同じです。

「プロジェクト名」「API」「テンプレート」などを設定します。

●プロジェクト名などを決める

次章で用いる、「MyMaterialDesign」というプロジェクトを作りましょう。

図1-14で、「Application name」(アプリケーション名)のところに、プロジェクト名「MyMaterialDesign」を入力します。

[1-3] 「Android Studio」のプロジェクト

「Company Domain」（企業ドメイン）は、このプロジェクトにおけるJavaクラスの「パッケージ名」に関係します。

アプリを「Google Play」などに出品するときは、「企業ドメイン」は自分のメールアドレスなどの、唯一の識別子にします。

本書は出品しない前提で作業するので、ここは適当に決めてください。「com.example.ユーザー名」というパッケージ名になるでしょう。

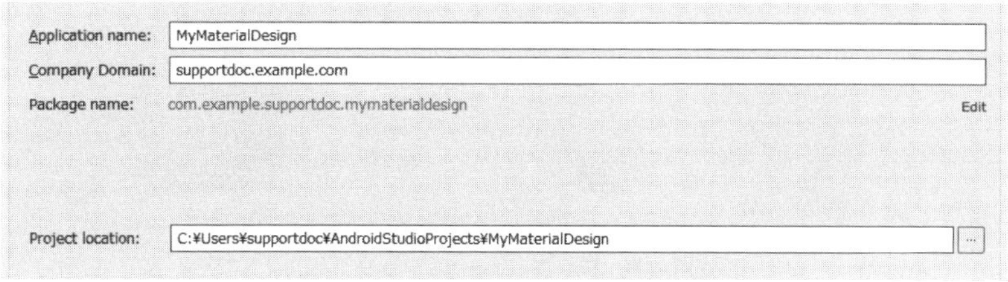

図1-14 「プロジェクト」の名前や作成場所

●対象デバイス

アプリの対象となるデバイスを設定します。

「TV」（GoogleTV用）や、「Wear」（時計などのウェアラブル）などがありますが、本書で作るのは、「Phone and Tablet」（電話またはタブレット）です。

また、本書では「Android 5.0」の新機能を活かしたアプリを作るので、最小のAPIは「Android5.0」、すなわち「21」にしておきます。

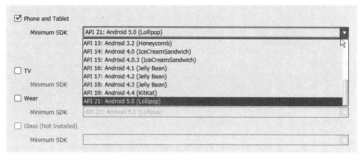

図1-15 「対象デバイス」と「API」を決める

第1章 「Android Studio」の概要

● テンプレート

　テンプレートは「Blank Activity」(ブランク・アクティビティ、ブランクは「空」の意味)を選びます。

図1-16　テンプレートは「ブランク」に

● アクティビティ名

　「アクティビティ」とは、アプリの画面をプログラムで記述するクラスの総称です。
　このアプリで最初に起動する「アクティビティ」に、クラス名をつけます。

　ここでは、初期設定通りにしておきます。
　アクティビティ名は「MainActivity」となり、関連する他のファイルの名前も決められます。

図1-17　アクティビティと関連ファイルの名前

　そして「Finish」ボタンをクリックすると、必要なデータがダウンロードされたり、ビルドされたりします。

[1-4] アップデートを確認

少し時間はかかりますが、その後、プロジェクトを編集するための画面に変わります。

図1-18 「プロジェクト編集画面」が開く

1-4 アップデートを確認

■「Android Studio」のアップデート

「Android Studio」のアップデートを確認するには、メニューの「Help」→「Check for Update」(アップデートを確認)を選びます。

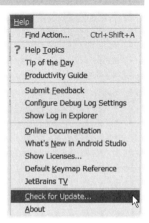

図1-19 「Android Studio」のアップデートを確認

第1章 「Android Studio」の概要

　アップデートがある場合、次に示す図1-20のようなウィンドウが出るので、「Update and Restart」（アップデートして再起動）を選びます。

図1-20　アップデートして再起動

■「Android SDK」のアップデート

●「SDK Manager」の起動

　「Android SDK」の管理は「SDK Manager」（マネージャ）から行ないますが、「SDK Manager」は「Android Studio」から起動できます。
　起動の方法は、ツールバー上の、図1-21のボタンです。

図1-21　「SDK Manager」のボタン

●「SDK Manager」の操作概要

　「SDK Manager」の操作方法は、従来とほとんど変わりません。
　「Android SDK」はさまざまなソフトの集まりで、必要なものだけをインターネット上の専用レポジトリ（ファイルの置き場所）からダウンロード＆インストールして、アプリ開発に使います。

　操作画面は、図1-22のようなもので、インストールずみのソフトを確認したり、追加のインストールをします。

[1-4] アップデートを確認

図1-22 「SDK Manager」の操作画面

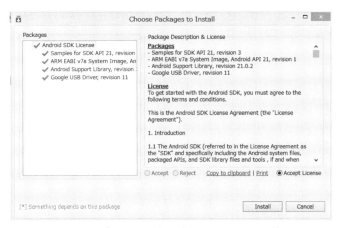

図1-23 「ライセンス」に同意してインストール開始

●アップデートを確認する

「Android Studio」をインストールしたとき、「SDK」のいくつかのソフトもインストールされます。

そのようなソフトの中には、アップデートが必要になるものもあります。

アップデートが必要なソフトは、操作画面上に異なるアイコンで表示されます。見つかった場合は、インストールしてください。

第1章 「Android Studio」の概要

```
☑ 🔧 Android SDK Tools        24    📦 Update available: rev. 24....
```

図1-24　インストールしたソフトのアップデート通知

1-5　「Android仮想デバイス」の作成

■「Googleデバイス」が作られている

「仮想デバイス」とは「仮想スマートフォン」のことです。

「Android Studio」のインストール時には、「Google APIのデバイス」が自動作成されていると思います。

これは、Googleアプリを含む「Android OSの仮想デバイス」です。

より実機に近い内容ですが、実機同様「Googleアカウント」が必要だったり、環境によっては動かなかったりと、学習向きの環境ではありません。

■「仮想デバイス」をインストール

そこで、標準の「Android API」だけを含む仮想デバイスを「SDKマネージャ」から新たにインストールして作りましょう。

たとえば最新の「Android 5.0」における「ARM」システムのイメージ（シミュレーション・ソフト）を、新たにインストールします。

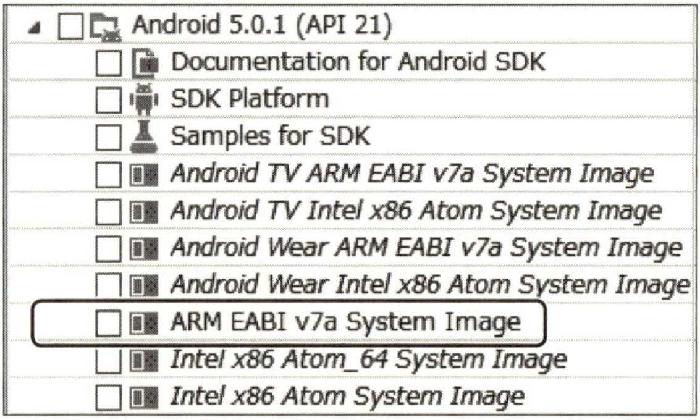

```
▲ ☐ 📂 Android 5.0.1 (API 21)
     ☐ 📄 Documentation for Android SDK
     ☐ 🤖 SDK Platform
     ☐ 🤖 Samples for SDK
     ☐ 📀 Android TV ARM EABI v7a System Image
     ☐ 📀 Android TV Intel x86 Atom System Image
     ☐ 📀 Android Wear ARM EABI v7a System Image
     ☐ 📀 Android Wear Intel x86 Atom System Image
    （☐ 📀 ARM EABI v7a System Image）
     ☐ 📀 Intel x86 Atom_64 System Image
     ☐ 📀 Intel x86 Atom System Image
```

図1-25　「ARM」のシステムイメージ

[1-5] 「Android仮想デバイス」の作成

■仮想デバイスを設定

●「AVD Manager」を用いる

図1-25でインストールしたシステムのイメージに、「画面の形状」や「メモリ」など、他の条件を設定して、「仮想デバイス」を作ります。

この作業には、「AVD Manager」を用います。

「AVD Manager」は「SDK」のツールですが、「Android Studio」の「ツール・バー」から起動できます。図1-26のようなアイコンです。

図1-26 「AVD Manager」のアイコン

●「仮想デバイス」のセットアップ

「AVD Manager」で「仮想デバイス」をセットアップするのに最低限設定が必要なのは、「ディスプレイの大きさ」と「システム」です。

たとえば、「ディスプレイの大きさ」を「Nexus」シリーズの中から選ぶと、他のハード仕様も実際の「Nexus機」に相当するように自動で設定してくれるので、最も簡単です。

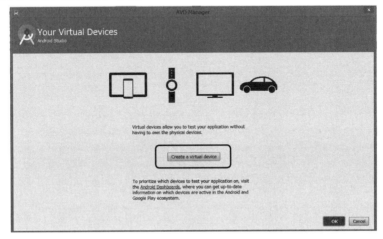

図1-27 「Create Virtual Device」をクリックして、デバイスのセットアップを開始

第1章 「Android Studio」の概要

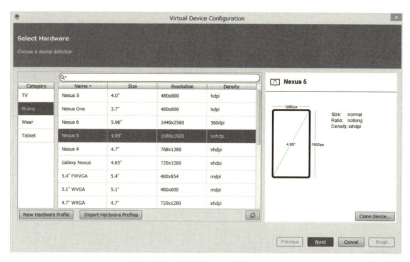

図1-28　「デバイスの形状」を選ぶ

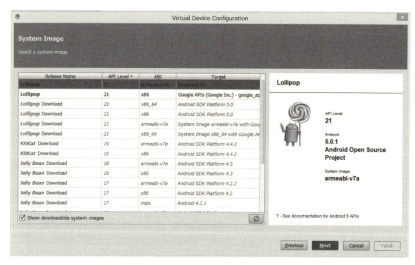

図1-29　システムを「ARM」にする

[1-5] 「Android仮想デバイス」の作成

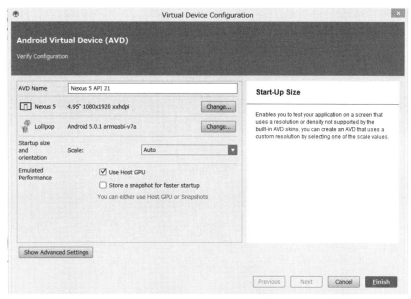

図1-30　他は初期設定で「Finish」

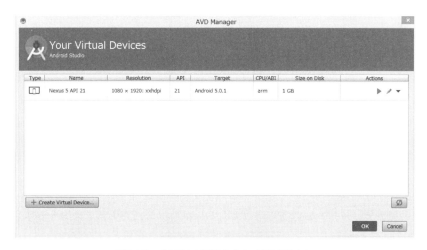

図1-31　「ARMの仮想デバイス」が1個出来た

第1章 「Android Studio」の概要

■動作確認

作ったプロジェクトを、「仮想デバイス」で実行してみましょう。
「実行ボタン」は、ツール・バーの「緑の左向き三角」ボタンです。

図1-32　ツール・バーの「実行ボタン」

ボタンを押すと、「実行環境」を選ぶ画面が出ます。

「仮想デバイス」がまだ起動していないときは、下の「Launch emulator」（エミュレータを起動）というラジオボタンが有効になり、「仮想デバイス」がリストに表示されるので、選択して「OK」で起動します。

図1-33　「仮想デバイス」を選択

「仮想デバイス」が起動しますが、OS、さらにアプリがインストールされて起動するまでには、けっこうな時間がかかります。

[1-5] 「Android仮想デバイス」の作成

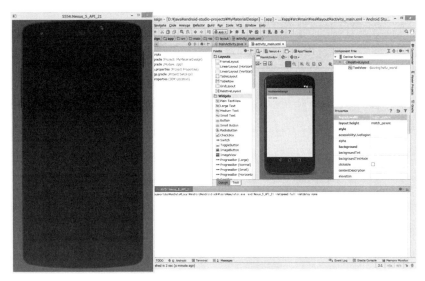

図1-34 「仮想デバイス」が起動した

「Android Studio」の画面下部が「デバッグ・コンソール」に切り替わったら、実行画面を確認できます。

画面はロックされたままかもしれませんが、上にスワイプして解除すれば「Hello World」のアプリが表示されます。

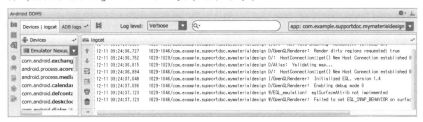

図1-35 「デバッグ・コンソール」に切り替わったら、起動完了

第1章 「Android Studio」の概要

図1-36　画面を上にスワイプしてロック解除すると、はじめてのアプリの実行を確認できる

第2章

マテリアル・デザイン

「Android 5.0」の新しい画面デザイン「マテリアル・デザイン」で、画面に部品を配置し、配色を変えてみます。
作業を通じて、「レイアウトファイル」や「スタイル・ファイル」で、Androidの画面の外観を記述する基本を確認していきましょう。

2-1 「マテリアル・デザイン」とは

■新しいデザイン仕様

　「マテリアル・デザイン」とは、「Android 5.0」において決められた画面描画の指針です。主な思想は、次のようなものです。

（1）写実的ではなく、記号的。
（2）ランダムではなく、規則的。
（3）断続的ではなく、連続的。
（4）ユーザーの操作にはアニメーションで応答。
（5）色を効果的に使う。

　このような画面デザインの仕様は、以下のGoogleのページにまとめられ、「良い例」と「悪い例」が具体的に示されています。

＜「マテリアル・デザイン」の指針＞
http://www.google.com/design/spec/material-design/introduction.html

●「標準の仕様」はそうなっている

　上記のような指針は、自分でゼロからあらゆる外観をデザインするような、デザインの専門家が考えることです。

第2章　マテリアル・デザイン

私たちはどうすればいいかというと、Androidのライブラリが与える「標準のスタイルや選択肢」を用いれば、細部を意識しなくても「マテリアル・デザイン」の仕様に合う画面が得られます。

＊

では、実際にやってみましょう。
前章で作ったプロジェクト「MyMaterialDesign」を、さらに編集します。

■スタイル「マテリアル」の確認

●「プロジェクト・ビュー」を確認

「Android Studio」の作業画面の、いちばん右の細長い欄を見てください。プロジェクト「MyMaterialDesign」のファイルが表示されています。

図2-1のように、縦方向のタブが「プロジェクト」、横方向のドロップダウン・リストが「Android」になっていることを確認してください。

このような設定で表示される欄を「プロジェクト・ビュー」と呼びます。

図2-1　「プロジェクト・ビュー」を出す設定

「プロジェクト・ビュー」には、「Androidプロジェクト」で私たちが編集する必要のあるファイルだけが、その役割に応じて分類されて表示してあります。

これは、「Windows」などのOS上のファイル構造（物理構造）ではなく、「論理構造」と呼ばれるプロジェクトの構造です。

●「リソースファイル」のフォルダ

「プロジェクト・ビュー」に、「res」というフォルダが表示されています。
それが、Androidアプリの画面を表示するためのデータ（リソース）を

置くフォルダです。
「res」は「resource」の略です。

● 「values」フォルダ
「res」の下に、さらに「values」というフォルダがあります。
これはアプリケーションの各画面に共通の「値」（value）を記述する、XMLファイルを置くフォルダです。

● 2つの「styles.xml」
「values」フォルダを開くと、「styles.xml」というフォルダがあり、さらに開くと2つの「styles.xml」ファイルがあります（「strings.xml」と間違えないようにしてください）。

このフォルダ「styles.xml」は、物理的なフォルダではありません。「プロジェクト・ビュー」でのみ表示される「論理フォルダ」です。

以上、「プロジェクト・ビュー」で2つの「styles.xml」を探し出すまでを、図2-2に示します。

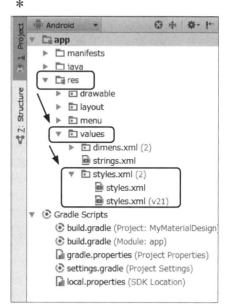

図2-2　「プロジェクト・ビュー」上での操作

第2章 マテリアル・デザイン

●「v21」の意味

2つの「styles.xml」のうち、「v21」という注釈がついているものがありますね。

「v21」とは、「Android 5.0」のバージョンの、「通し番号」を示します。

「styles.xml（v21）」とは、このアプリを「Android 5.0」以上のOSにインストールしたときだけ読み込まれる「スタイル設定ファイル」です。
それより下位のOSでは、もう一方のファイルが読まれます。

図2-3　2つの「style.xml」ファイル

●「マテリアル」が設定してある

では、「styles.xml（v21）」をダブルクリックして、左側の「エディタ」にその内容を表示してみましょう。

内容は、リスト2-1の通りです。

【リスト2-1】「styles.xml（v21）」の全文

```
<?xml version="1.0" encoding="utf-8"?>
<resources>
  <style name="AppTheme"
    parent="android:Theme.Material.Light">
  </style>
</resources>
```

4行目に注目してください。「Material」と書いてあります（リスト2-2に抜き出して示します）。

これで、すでに「マテリアル・デザイン」の仕様に従ったスタイルに設定できているのです。

【リスト2-2】これが「マテリアル」の指定
```
"android:Theme.Material.Light"
```

どのように「マテリアル」なのかもっとよく知るために、画面に何か部品を配置してみましょう。

2-2　マテリアルなデザインの部品とは

■「レイアウトファイル」を開く
●タブでファイルを切り替える
プロジェクト「MyMaterialDesign」の画面を記述する「レイアウトファイル」は、プロジェクトの作成時に自動的に開かれています。

本書の通りに進めていれば、「activity_main.xml」という名前のタブがあるはずなので、クリックしてください。

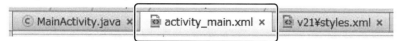

図2-4　「レイアウトファイル」を開くタブ

前章の図1-18に示したように、作業画面の中央にあるエディタに、Androidのスマホの絵が現われます。これが「レイアウト・エディタ」です。

●「レイアウト・エディタ」の構造
「レイアウト・エディタ」は図2-5のように、中央の「仮想スクリーン」の周りに4つの設定欄という構造になっています。

第2章 マテリアル・デザイン

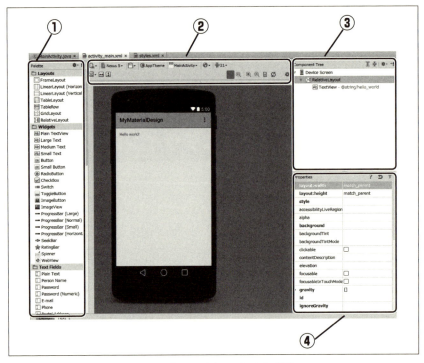

図2-5 「レイアウト・エディタ」の構造
①部品のパレット、②「コンフィギュレーション・ツールバー」(表示環境の設定画面)、③「コンポーネント・ツリー」(レイアウトの構造を樹枝状に示す図)、④画面に置かれた部品のプロパティの表示/設定欄

●「GUIエディタ」の雰囲気を変える

　表示されたAndroidのスマホの絵は、少し古いタイプのものかもしれません。

　これは「レイアウト・エディタ」の設定で、「仮想デバイス」の設定とは関係ないのですが、編集画面のデバイスが「仮想デバイス」と等しいのが望ましいので、できるならば変更しておきます。

　エディタ画面の機種は、**図2-6**に示す「ドロップダウン・リスト」で変更します。
　図2-6では「Nexus 4」の設定になっていたのを、「Nexus 5」に直しています。

[2-2] マテリアルなデザインの部品とは

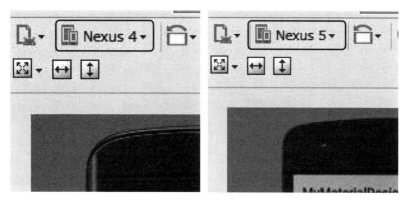

図2-6 「Nexus 4」→「Nexus 5」に設定する

● **パレットから部品を配置する**

パレットから図2-7のような部品を、画面にドラッグ&ドロップして置いてみましょう。

図2-7 「パレット」から部品を配置

第2章　マテリアル・デザイン

全体的に「平板」な画面であることが分かります。
「ボタン」は、「平板が浮いている」ような外観です。
「文字」は主に「直線と円」で構成されており、細い線を使っています。

図2-8　平板が浮いている

■XMLファイルを直接編集する
●「デザイン・ビュー」に対する「テキスト・ビュー」

以上のような「GUIエディタ」は、複雑なのでうまく動かないことがあります。

そのような場合は、「レイアウト・エディタ」の下部のタブを、「Design」から「Text」に切り替えます。

図2-9　「レイアウト・エディタ」のタブ

タブの名前で分かるように、仮想スクリーンに部品を配置して編集する画面を「デザイン・ビュー」、XMLファイルを編集する画面を「テキスト・ビュー」と呼びます。

「デザイン・ビュー」の編集内容は、「テキスト・ビュー」に反映されます。原則的に逆も成立しますが、「デザイン・ビュー」における表現能力には限界があります。

そのため、複雑なレイアウトでは、「テキスト・ビュー」で直接XMLを書く場合も少なくありません。

図2-7のような配置を記述する「XML文書」は、次の通りです。

[2-2]　マテリアルなデザインの部品とは

【リスト2-3】部品を記述する「XML文書」

```xml
<RelativeLayout xmlns:android=
"http://schemas.android.com/apk/res/android"
xmlns:tools="http://schemas.android.com/tools"
android:layout_width="match_parent"
android:layout_height="match_parent"
android:paddingLeft="@dimen/activity_horizontal_margin"
android:paddingRight="@dimen/activity_horizontal_margin"
android:paddingTop="@dimen/activity_vertical_margin"
android:paddingBottom="@dimen/activity_vertical_margin"
tools:context=".MainActivity">

  <TextView android:text="@string/hello_world"
    android:layout_width="wrap_content"
    android:layout_height="wrap_content"
    android:textAppearance=
     "?android:attr/textAppearanceLarge"
    android:id="@+id/textView" />

  <EditText
    android:layout_width="wrap_content"
    android:layout_height="wrap_content"
    android:id="@+id/editText"
    android:hint="This is an edittext."
    android:layout_below="@id/textView"
    android:layout_marginTop="40dp"
    android:layout_centerHorizontal="true"/>

  <RadioButton
    android:layout_width="wrap_content"
    android:layout_height="wrap_content"
    android:text="New RadioButton"
    android:id="@+id/radioButton"
    android:layout_marginTop="40dp"
    android:layout_below="@id/editText"
    android:layout_centerHorizontal="true" />

  <CheckBox
    android:layout_width="wrap_content"
    android:layout_height="wrap_content"
    android:text="New CheckBox"
    android:id="@+id/checkBox"
    android:layout_marginTop="20dp"
```

```
      android:layout_below="@id/radioButton"
      android:layout_alignLeft="@id/radioButton"  />

  <SeekBar
      android:layout_width="fill_parent"
      android:layout_height="wrap_content"
      android:id="@+id/seekBar"
      android:layout_marginTop="40dp"
      android:max="100"
      android:layout_below="@id/checkBox"
      android:layout_centerHorizontal="true"  />

  <Button
      android:layout_width="wrap_content"
      android:layout_height="wrap_content"
      android:text="New Button"
      android:id="@+id/button"
      android:layout_marginTop="40dp"
      android:layout_below="@id/seekBar"
      android:layout_centerHorizontal="true"  />

</RelativeLayout>
```

■部品を記述するXMLの考え方

リスト2-3のXML文はものすごく長そうに見えますが、実は同じ書き方の繰り返しです。

●画面の構造

大まかな構造は、リスト2-4の通りです。

【リスト2-4】部品を記述するXML文書の概要

```
<RelativeLayout>
  <TextView/>
  <EditText/>
  <RadioButton/>
  <CheckBox/>
  <SeekBar/>
  <Button/>
</RelativeLayout>
```

[2-2] マテリアルなデザインの部品とは

「RelativeLayout」という規則的なレイアウトの中に、部品を列記しているだけです。

●部品同士の位置関係

「RelativeLayout」とは、部品同士の位置関係で全体の配置を記述していくレイアウトの記法です。

XML上で上から下に部品を書いていっても、部品が縦に並ぶとは限りません。リスト2-5のように位置関係を明記することで、上から下に並ぶことが確定します。

【リスト2-5】部品同士の位置関係を示す
```
<TextView
    android:id="@+id/textView" />
<EditText
    android:id="@+id/editText"
    android:layout_below="@id/textView"/>
<RadioButton
    android:id="@+id/radioButton"
    android:layout_below="@id/editText"/>
.....
```

リスト2-5では、いちばん最初に書いた「TextView」が基準です。
これにidとして、「textView」という名前をつけます。

その次に書いた「EditText」で、「android:layout_below」で表わされるプロパティを使っています。
「android:」は、Androidの画面デザインでは必ず出てくる接頭辞なので、今後の解説の中では省略して「layout_below」のように示します。

「below」は「下にある」という意味です。その値が、上の「TextView」のidです。
これで、「EditText」は「TextView」の下に置くことがハッキリしました。

同様にして、「RadioButton」を「EditText」の下に置き、以降の部品も続けます。

●部品同士の間隔

部品の上下の間隔は、各部品の上か下のマージン（余白）で決めます。

たとえば、リスト2-6のように書けば、上の余白が「40dp」です。
「dp」というのは画面全体の解像度に比較した相対的な値で、計算するよりは試行錯誤で決めたほうが早いと思います。

【リスト2-6】上の余白を「40dp」にする

```
android:layout_marginTop="40dp"
```

●領域の枠の大きさ

各部品には、必ず書かなければいけない指定が2つあります。それは、部品を収める「枠」の幅と高さです。

レイアウトファイルの長いXML文書も、多くはこの指定なので、見た目ほど設定は複雑ではありません。

ほとんどの場合、以下の2つのうち、どちらかの値を選択します。

・match_parent（またはfill_parent）
　画面いっぱい。余ったところは余白として保たれる。

・wrap_content
　部品きっちり。余ったところに他の部品を置く「枠」を入れることができる。

ただし、「RelativeLayout」の場合、他の部品との位置関係で強制的に配置するため、多くの場合は、「幅」も「高さ」も「wrap_content」にしておけば問題ありません。

【リスト2-7】大体はこれでよい

```
android:layout_width="wrap_content"
android:layout_height="wrap_content"
```

[2-2] マテリアルなデザインの部品とは

●「RelativeLayout」の属性（自動作成）

いちばん外枠の「RelativeLayout」の属性の指定は複雑ですが、プロジェクトを作ったときに自動生成されているので、ここでは詳しい解説を省略します。

「このXMLの記述がAndroidの書式に従うこと」や、「細かい余白の大きさ」などが書かれています。

●「TextView」の文字の大きさ

最後に、ひとつ妙な書き方をしている場所を解説します。

*

「TextView」は、他のプログラミング言語では「ラベル」と呼ばれることもある「文字の表示部品」です。

大きさは「数値」で直接設定することもできますが、大きさを画面に合わせて自動調整してもらうように、「textAppearance」という属性を用います。

その「textAppearance」が取れる値が、少しおかしな感じに見えます。

「大きめの文字」にするには、**リスト2-8**のように書きます。

【リスト2-8】「textAppearance」を設定
```
android:textAppearance=
  "?android:attr/textAppearanceLarge"
```

「?」という記号は、「android:attr」で始まる設定を記述するときに用いられます。

なぜ「@android:attr」でないかというと、「textAppearance」と同じデータ型の値を直接参照しているのではなく、別のデータ型の「属性」（attribute、アトリビュート）の値を参照しているからです。

この書き方はこれからも出てくるので、随時解説します。

*

画面デザインには、「デザイン・ビュー」と「テキスト・ビュー」を併用するのが効果的です。

場合によっては、「デザイン・ビュー」でエラーが出るときもあるでしょうが、「テキスト・ビュー」でエラーが出なければ大丈夫です。

第2章 マテリアル・デザイン

2-3 「カラー・パレット」の使用

■「マテリアル・デザイン」の色指針

●配色の詳細な指針

従来のアプリで使う標準の色は、「白系」か「黒系」でした。
そして、それ以外の色は、自分で部品ごとに設定していました。

しかし、「マテリアル・デザイン」では各部の色に詳細な指針があり、スタイルとしてバランスよく設定できます。

たとえば、「タイトル・ヘッダー」「背景」「ナビゲーション・バー」などの色を設定する書き方が与えられています。
図2-10は、「Androidの開発者サイト」で解説している、色の指定法です(http://developer.android.com/training/material/theme.html)。

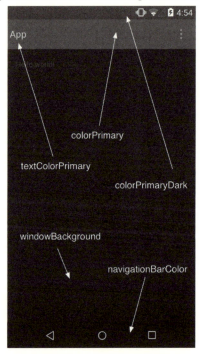

図2-10　各部の色を指定

●統一のとれた色指定

　図2-10は、「各部品ごと」の色指定ではありません。

　たとえば、「colorPrimary」（カラー・プライマリ）という指定は、「プライマリ」という名前の部品を指しているのではありません。「（アプリケーションにおける）主要な配色」という意味です。

　「どの部品に主要な色を使うか」はアプリケーションで決めてくれます。

　図2-10では、「アクション・バー」という部品に、「主要な色を使う」ことが示されているのです。

　同様に、「ステータス・バー」という部品に、「colorPrimayDark」（カラー・プライマリ・ダーク、主要な暗めの色）が使われます。

　このようにして、細かいながらも統一の取れた色指定を実現します。

＊

　図2-10に何が示されているか、下の**表2-1**にまとめます。

表2-1　色を指定する項目

項目名	読み方	意味	画面上の場所（一例）
colorPrimary	カラー・プライマリ	主要な部分の色	アクション・バー
colorPrimaryDark	カラー・プライマリ・ダーク	主要な部分の色の暗色版	ステータス・バー
textColorPrimary	テキストカラー・プライマリ	カラー・プライマリな部品に表示するテキストの色	アクション・バー上のテキスト
windowBackground	ウィンドウ・バックグラウンド	ウィンドウの背景色	ウィンドウの背景
navigationBarColor	ナビゲーション・バー・カラー	ナビゲーション・バーの色	ナビゲーション・バー

●「カラー・パレット」の提供

　色の指定は、Webカラーなどでおなじみの「#ffffff」のような16進数によるRGB表記です。

　しかし、統一の取れた色のシリーズになるように、推奨色の一覧が与えられ、表記法も示されています。

第2章 マテリアル・デザイン

それらは、1-1節にも示した「マテリアル・デザイン」専用の解説サイトに表示されています。

<「マテリアル・デザイン」で推奨する色の解説ページ>

http://www.google.com/design/spec/style/color.html

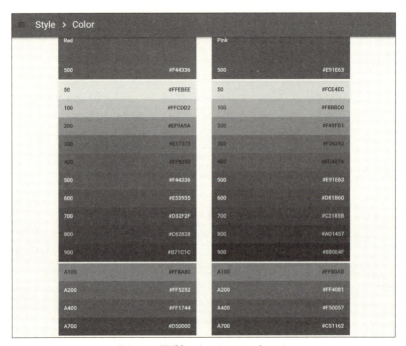

図2-11 同系色ごとにまとめたパレット

●アクセントをひとつ

図2-11で「A100」のような記号で示される色があります。この「A」は、「アクセント」を示します。

「マテリアル・デザイン」では、同系色の中に、ひとつだけアクセント色として目立つ色を加えていいことになっています。

たとえば、緑系統の中に、アクセントとして「ピンク」を加える場合は、ピンク系統の中から「A」のついた色を選ぶと引き立ちます。

*

[2-3] 「カラー・パレット」の使用

以上の指針にしたがって、部品だけを配置した図2-7の画面に色を加えてみましょう。

「Android Studio」のプロジェクト「MyMaterialDesign」に戻ります。閉じてしまった人は、もう一度開いてください。

■色の名前を登録
●「colors.xml」に登録

色の値は16進数表記ですが、これを読みやすい名前で表わすために、「colors.xml」というリソースファイルを使います。

「colors.xml」は、「プロジェクト・ビュー」上で、「value」フォルダの下に作ります。

ない場合は「values」フォルダを右クリックして、出てきたメニューから「New」→「Values Resource file」を選んで新規作成します。

図2-12 「colors.xml」を新規作成するなら

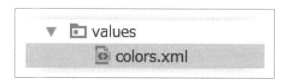

図2-13 「values」フォルダの下の「colors.xml」

作った「colors.xml」は、普通のXMLファイルとして編集します。リスト2-9のように書いてみましょう。

【リスト2-9】「colors.xml」の内容
```
<?xml version="1.0" encoding="utf-8"?>
<resources>
  <color name="paleGreen">#b2dfdb</color>
  <color name="mediumGreen">#26a69a</color>
```

第2章 マテリアル・デザイン

```
  <color name="deepGreen">#004d40</color>
  <color name="accentPink">#ff4081</color>
</resources>
```

リスト2-7にAndroid的な特徴は、何もありません。色の表記に、それぞれ名前をつけただけです。

なお、名前の設定は自由です。本書では、表2-2のように名前をつけました。

表2-2 「リスト2-9」で色につけた名前

名　前	読み方	意　味
paleGreen	ペール・グリーン	薄い緑色
mediumGreen	メディアム・グリーン	中間程度の緑色
deepGreen	ディープ・グリーン	濃い緑色
accentPink	アクセント・ピンク	アクセントに使うピンク色

「Android Studio」のエディタで、「colors.xml」に設定をすると、16進数表記で書いた色をエディタが読み取って、各行の左端に表示してくれるので、正しい表記ができたか確かめることができます。

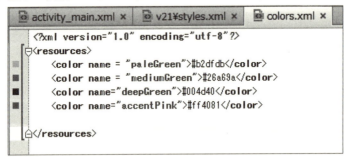

図2-14　表記の色を確認できる

2-4 「styles.xml」の設定

■「styles.xml」に設定を加える
●「テーマ・マテリアル」の中に設定
画面の色設定は、「styles.xml（v21）」に書きます。

すでに書かれている枠組の中に、まずリスト2-10になるように追記をしましょう。

【リスト2-10】「styles.xml」に書く画面の色設定

```xml
<resources>
 <style name="AppTheme"
  parent="android:Theme.Material.Light">
 <item name="android:colorPrimary">
  @color/mediumGreen</item>
 <item name="android:textColorPrimary">
  @color/paleGreen</item>
 <item name="android:colorPrimaryDark">
  @color/deepGreen</item>
 <item name="android:windowBackground">
  @color/paleGreen</item>
 <item name="android:navigationBarColor">
  @color/deepGreen</item>
 </style>
</resources>
```

画面への色の指定は、**図2-3**と、**表2-1**にまとめた方法に従って、「android:」をつけて書きます。

使う色は、「colors.xml」に**リスト2-10**で示した項目を使い、「@color/」をつけて書きます。

この設定によって、「デザイン・ビュー」上の仮想スクリーンにも配色が施されます。

*

リスト2-10の設定に、さらにリスト2-11～リスト2-13を加えてみましょう。

第2章 マテリアル・デザイン

リスト2-11は、本文などの「文字色」を濃い緑色にする設定です。

【リスト2-11】「文字色」の設定

```
<item name="android:textColor">
  @color/deepGreen</item>
```

リスト2-12は、「ボタンの色」を緑色（中間程度）にする設定です。

【リスト2-12】「ボタンの色」設定

```
<item name="android:colorButtonNormal">
  @color/mediumGreen</item>
```

リスト2-12で、「colorButtonNormal」は「通常の状態のボタン」を表わします。
　ボタン1つ1つではなく、画面上に置くすべてのボタンに対する設定です。

＊

最後に、リスト2-13はアクセントの色です。

【リスト2-13】アクセントの色

```
<item name="android:colorAccent">
  @color/accentPink</item>
```

「colorAccent」が「アクセントの色」を示します。
　どこにアクセントの色を置くかは、Androidのテーマ「マテリアル」によって、すでに決められています。
　たとえば、「デザイン・ビュー」を見ると、「SeekBar」の取っ手の部分がピンクになっているでしょう。

＊

また、操作が行なわれた部分が「アクセント色」になります。
　「デザイン・ビュー」では操作はできないので、「仮想デバイス」を実行して、「ラジオ・ボタン」や「チェック・ボックス」をオンにしたり、「シーク・バー」のボタンをスライドさせてみましょう。

[2-4] 「styles.xml」の設定

■「strings.xml」の利用

「デザイン・ビュー」で画面に部品を配置すると、「テキスト・ビュー」「ボタン」「チェックボックス」など、「文字」を伴う部品に黄色い警告アイコンが表示されます。

これは備忘録的な警告で、使われているテキストはXMLに直接書き込まれた一時的な値なので、別途「strings.xml」に書き込んだ値を用いて、Androidの仕様で書いてください、というものです。

*

「strings.xml」は、プロジェクトの作成とともに自動的に作られます。
「Android Studio」の「プロジェクト・ビュー」では、「res/values」のフォルダにあります。

「strings.xml」を開くと、すでにいくつかの文字列が登録されています。
そこに続けて、**リスト2-14**のように追記してみましょう。
属性「name」の値は自由です。

【リスト2-14】表示する文字列を設定
```
<string name="text_textView">テキスト・ビュー</string>
<string name="text_editTextHint">
  エディット・テキストのヒント</string>
<string name="text_radioButton">ラジオ・ボタン</string>
<string name="text_checkBox">チェック・ボックス</string>
<string name="text_Button">ボタン</string>
```

「strings.xml」に登録すれば、表示する文字列は「デザイン・ビュー」のプロパティ欄からマウス操作で選べます。

たとえば、「ボタンの文字列」なら、ボタンを選択しておいてプロパティ欄から「text」の欄を選びます(下のほうにあるのでスクロールしてください)。
すると、右手に「...」と書かれた四角いボタンが現われるので、クリックすると、「strings.xml」に登録された文字列の一覧が表示されます。
ここから、好きな文字列を選びます。

第2章 マテリアル・デザイン

図2-15 ボタンのプロパティ「text」

図2-16 文字列を選択

「エディット・テキスト」の場合は属性「text」は「初期入力値」になりますが、「hint」を選ぶと、「入力例を示唆する仮の文字列」として表示できます。

図2-17 「ヒント」も選ぶことができる

XMLに直接書く場合、「ボタンのプロパティtext」ならリスト2-15のように属性を追加します。

リスト2-16で、「strings.xml」に書いた内容と比べてください。

[2-5] 「アプリケーション・アイコン」の変更

【リスト2-15】ボタンのプロパティ「text」

```
<Button
  .....
  android:text="@string/text_Button"
.../>
```

「エディット・テキストのプロパティ hint」なら、リスト2-14の通りです。

【リスト2-16】エディット・テキストのプロパティ「hint」

```
<EditText
  .....
  android:hint="@string/text_editTextHint"
.../>
```

> ※プロジェクト「MyMaterialDesign」の「colors.xml」「styles.xml」「strings.xml」「activity_main.xml」は、サンプルファイルの「sample/chap2/mymaterialdesign/src」フォルダに収録しています。

2-5 「アプリケーション・アイコン」の変更

■「イメージ・アセット」の設定

これで初めてのAndroid アプリが出来ました。

次に、現在の「アプリケーション・アイコン」は、「Androidのロゴ」になっています。
そこで、これをカスタムのものに設定しましょう。

*

まず、アイコンとなる「画像ファイル」を用意します。
大きさは自動変換するので、適当でかまいません。「200×200ピクセル」ぐらいが扱いやすくていいと思います。
また、「マテリアル・デザイン」の仕様に合わせて、平板で線のハッキリした感じのデザインにします。

本書では図2-18のような画像「mymaterial.png」を用います。

第2章 マテリアル・デザイン

図2-18 アプリ「MyMaterialDesign」アイコンのための画像

※サンプルファイルの「sample/chap2/mymaterialdesign/pict」に同じ図が収録してあるので、利用してください。

*

「Android Studio」は、任意の画像を、画面の解像度に応じた大きさに自動で変換してくれます。

変換作業を行なうには、「プロジェクト・ビュー」上で「res/drawable」のフォルダを右クリックして表示されるメニューから、「new」→「Image Asset」を選びます。

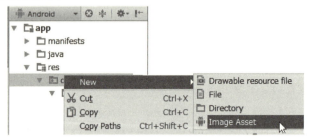

図2-19 「Image Asset」の新規作成

まず、画像をどこに保存するかを選択する画面になります。

図2-20に示されている「hdpi」「mdpi」などは、いろいろな画面の解像度に対応したフォルダを示します。

本書では、ひとつの解像度しか使わないので、「drawble」とだけ書かれたフォルダを選びます。

[2-5] 「アプリケーション・アイコン」の変更

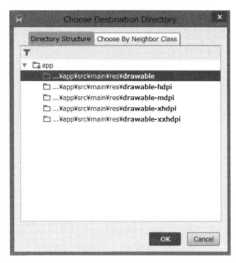

図2-20 「drawable」フォルダを選ぶ

　図2-20で「OK」をクリックすると、元になる画像ファイルを選ぶ画面になります。

　まず、上部の「Asset Type」欄で「Launcher icons」(起動アイコン)が選ばれていることを確認してください。

　それから、「Preview」と書かれている一連の絵を見てください。
　現在は、Androidのロゴが表示されており、大きさは画面の解像度に対応しています。

　そこで、「Image file」の欄を設定します。
　現在表示されているのは、Androidのロゴファイルのある場所です。
　そこで、右隣にある「...」のボタンをクリックして、置き換える画像ファイルの場所を探してください。

　なお、ウィンドウのいちばん下に書かれている赤い文字のメッセージは、これからの変更によって元のファイルが置き換えられるという警告なので、気にしなくてもかまいません。

第2章 マテリアル・デザイン

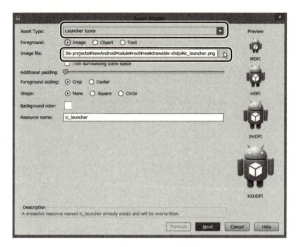

図2-21 画像ファイルの場所を選ぶ

カスタムの画像ファイルを選ぶと、「Preview」にその画像が表示されます。画面の解像度に合わせた大きさのファイルが、すべて自動作成されます。

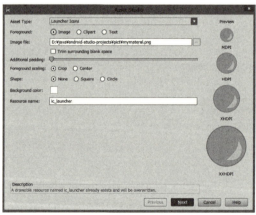

図2-22 解像度ごとのプレビュー

第3章

ツール・バー

「Android 5.0」以降では、「アクション・バー」から、より自由な描画形式の「ツール・バー」に移行してきています。
本章では、この「ツール・バー」を実際に作ってみましょう。

3-1　「ツール・バー」の登場

■「アクション・バー」から「ツール・バー」へ

●プログラマブルな部品へ

　「Android」が「スマートフォンOS」としてスタートしたときは、機器の製作者が「機械的なメニューボタン」を設けなければならない仕様になっていました。

　また、「Androidタブレット」が登場した「バージョン3」以降は、「機械的なメニューボタン」が廃止されて、画面最上部に多機能な「アクション・バー」を配置する仕様になりました。

　そして「Android5.0」では、さらに画面最上部の「アクション・バー」に限らず、自由な場所に配置できる「ツール・バー」という仕様が登場しました。
　本章では、これをプログラムで記述してみましょう。

●「アクション・バー」として使う

　「Android5.0」における「ツール・バー」の使い方として最も簡単な方法は、**リスト3-1**のように、作った「ツール・バー」（変数toolbar）を「アクション・バー」として使うことです。

第3章　ツール・バー

【リスト3-1】「ツール・バー」を「アクション・バー」として使う
```
setActionBar(toolbar);
```

　これで、従来の「ActionBar」の機能が、自動的に「ツール・バー」に与えられます。

●独自の「イベント・リスナー」をつける
　「アクション・バー」はひとつのインスタンスなので、もうひとつ「ツール・バー」を使う場合は、その「ツール・バー」に独自の「イベント・リスナー」をもたせる必要があります。

　本章では、この2通りの使い方を試してみます。

■「ツール・バー」のアイコン

●新しいプロジェクト
　まず、「MyToolBar」を作ります。「空のアクティビティ」が1つあるプロジェクトです。

●ファイルの内容をコピー
　前に作ったプロジェクト「MyMaterialDesign」から、「colors.xml」と「styles.xml」の内容を、プロジェクト「MyToolBar」の同名のファイルにコピーします。

●「アクション・バー」用のアイコン
　「ツール・バー」や「アクション・バー」のアイコンも、起動アイコンと同じように「Image Asset」として作ります。

　いちばん上の「Asset Type」を「Action Bar and Tab Icons」（アクション・バーおよびタブ用のアイコン）にしてみましょう。
　すると、読み込んだファイルにどんな彩色がされていても、一色で塗りつぶした画像が表示されます。
　これは、「アクション・バー」（これからは「ツール・バー」）や、タブのアイコンのデザインの指針です。
　灰色に塗りつぶされるのは、それがAndroidの「4.0」までのテーマに

[3-1] 「ツール・バー」の登場

合わせた色合いだからです。

図3-1 「アクション・バー」用のアイコンにする

そこで、次のようにアイコンの設定を変更します。

・色の変更

「Theme」を「CUSTOM」にします。すると、塗りつぶす色を選ぶことができます。

色を選ぶには、「Foreground color」(前景色)と書かれた色を示すアイコンを右クリックして、「カラー・ピッカー」を出します。

図3-2 色のアイコンを右クリック

アイコンの色は、「color.xml」で決めた色である「paleGreen」と同じ(#b2dfdb)にしておきましょう。

・プロジェクト内での画像ファイル名を設定

画像ファイルには、もともとのファイル名がありますが、プログラム中で使える別の名前(リソース名)をつけます。

たとえば、図3-3は「？」の形のボタンを「ヘルプ・アイコン」と想定して「ic_action_help」というリソース名をつけたところです。

「ic」は「アイコン」、「action」は「アクション・アイコン」であることを示します。

第3章 ツール・バー

図3-3 「ヘルプ・アイコン」を想定したリソース名

このようにして、表3-1のような3つのアイコンを、プロジェクト「MyToolBar」に導入します。

なお、表3-1の「想定する用途」とは、画像の形や名前を決めるに至った想定であり、本当に用途に合うようにプログラムを書くことはしません。

表3-1 「ツール・バー」に置くアイコンの設定

想定する用途	ヘルプ	情報（インフォ）	設定（セッティング）
画像			
元の画像名	help.png	info.png	setting.png
リソース名	ic_action_help	ic_action_info	ic_action_setting

※3つのアイコンの基になる画像ファイルは、サンプルファイルの「sample/chap3/mytoolbar/pict」に収録してあります。
自分で作る場合は、「白」に見える部分は「透明」にしてください。

● 起動アイコン

前章でも行なったように、「アプリケーションの起動アイコン」を設定しましょう。

ここでは、図3-4の画像を使うことにします。

図3-4 mytoolbar.png

[3-1] 「ツール・バー」の登場

> ※図3-4は、サンプルファイルの「sample/chap3/mytoolbar/pict」に、「mytoolbar.png」として収録しています。

「Android Studio」で「プロジェクト・ビュー」を見ると、「res/drawable」のフォルダに、追加した画像のリソース名が表示されています。

リソース名がフォルダの形になっているのは、解像度ごとに大きさの違うファイルがまとめて表示されているからです。

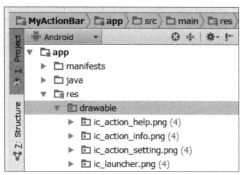

図3-5 「drawable」フォルダ

■メニューのリソースファイル

●「strings.xml」の編集

メニューに表示させる文字列を、「strings.xml」に登録します。

このアプリではアイコンを使うため実際には表示されないのですが、メニュー項目の設定に必須の事項なので、あらかじめ決めておく必要があります。

リスト3-2のように、文字列を追加してください。

【リスト3-2】「strings.xml」に追加
```
<string name="action_setting">Setting</string>
<string name="action_help">Help</string>
<string name="action_info">Info</string>
```

第3章 ツール・バー

● 「menu_main.xml」の編集

「プロジェクト・ビュー」の「res/menu/menu_main.xml」というファイルを開いてください。

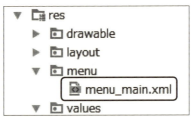

図3-6　「menu_main.xml」

これを、リスト3-3のように編集します。

【リスト3-3】「menu_main.xml」全文

```xml
<menu
xmlns:android=
  "http://schemas.android.com/apk/res/android"
xmlns:tools="http://schemas.android.com/tools"
tools:context=".MainActivity">

 <item android:id="@+id/action_setting"
   android:title="@string/action_setting"
   android:icon="@drawable/ic_action_setting"
   android:orderInCategory="1"
   android:showAsAction="always" />

 <item android:id="@+id/action_help"
   android:title="@string/action_help"
   android:icon="@drawable/ic_action_help"
   android:orderInCategory="2"
   android:showAsAction="always" />

 <item android:id="@+id/action_info"
   android:title="@string/action_info"
   android:icon="@drawable/ic_action_info"
   android:orderInCategory="3"
   android:showAsAction="always" />

</menu>
```

なお、**リスト3-3**でいちばん外側の「menu」タグは、自動記入されています。

● **メニューの設定の意味**

「menu」タグの間に書かれているのは3つの「item」タグで、これがツール・バーのメニュー項目を表わしています。

たとえば、最初に書かれているのは、**リスト3-4**の通りです。

【リスト3-4】メニュー項目の記述の一例
```
<item android:id="@+id/action_setting"
  android:title="@string/action_setting"
  android:icon="@drawable/ic_action_setting"
  android:orderInCategory="1"
  android:showAsAction="always" />
```

「item」タグに記述した属性の意味を、**表3-2**に示します。

表3-2　「item」タグの属性の意味

属　性	属性の意味	値とその解説
id	識別値	ここで決める
title	タイトル	strings.xmlからもってくる
icon	アイコン	表3-1に示したアイコンのひとつ
orderInCategory	表示順序	自由に割り振る
showAsAction	バーの上に表示するか	「表示しない」指定をすると、ポップアップ表示になる

● **従来の「アクション・バー」はこれで完成**

「menu_main.xml」を書き終わったら、レイアウトファイル「activity_main.xml」を「デザイン・ビュー」で開いてください。

すでに、「アクション・バー」が表示されており、そこにボタンが置いてあります。

少なくとも外観だけは、これで従来の「アクション・バー」が完成したことになります。

第3章 ツール・バー

図3-7 「アクション・バー」が完成している

■「アクション・バー」を表示させない

●「アクション・バー」なしのスタイル

「アクション・バー」を「ツール・バー」に取り換えるのであれば、競合しないように「アクション・バーは使わない」と明示しなければなりません。

最も簡単な方法は、テーマを「Material」から「Material.NoActionBar」にすることです。

「styles.xml (v21)」を開いて、**リスト3-5**のようにスタイル名を書き換えてください。

【リスト3-5】「styles.xml (v21)」のスタイル名を書き換える

```
android:Theme.Material.Light.NoActionBar
```

これまで「マテリアル・デザイン」として用いていた名前は、「Material.Light」でした（Lightは明色系の意味）。
それに、さらに「NoActionBar」という名前を加えます。

■レイアウトファイルを編集

●「ツール・バー」を追加する

レイアウトファイル「activity_main.xml」を開きます。
「ツール・バー」は、「デザイン・ビュー」のパレットにはないかもしれません。

[3-1] 「ツール・バー」の登場

そこで、「テキスト・ビュー」を開いて、「RelativeLayout」のタグの間に直接、**リスト3-6**を書き込みます。

【リスト3-6】「ツール・バー」を追加する
```
<Toolbar
  android:id="@+id/custom_toolbar"
  android:layout_height="wrap_content"
  android:layout_width="match_parent"
  android:background="?android:attr/colorPrimary"
  android:elevation="4dp"
/>
```

リスト3-6で注目しておくべき設定を紹介します。

・バーとしての形状
　横長で細い形にするために、「幅」は画面いっぱい、「高さ」は部品キッチリにします。

【リスト3-7】横長で細い部品の配置に適したレイアウト
```
android:layout_height="wrap_content"
android:layout_width="match_parent"
```

・「ツール・バー」の色
　直接の色ではなく「スタイルで使っている色」を設定します。
　リスト3-8のようになりますが、これはスタイルに合った色合いを保つためです。

【リスト3-8】「ツール・バー」の背景色
```
android:background="?android:attr/colorPrimary"
```

　リスト3-8では、値に「android:attr」で始まる書式が用いられており、「@」ではなく「?」がついています。
　これは、前章の**リスト2-8**でも示した書き方です。
　「android:background」で設定したいのは「色」ですが、「@color/mediumGreen」のように色を直接参照するのではなく、「スタイル」の属性

「colorPrimary」を通じて参照しているからです。

「@」を「?」と書くのは、ほぼ「attr」に限られ、さらに「スタイル」に関する設定に限られます。他の場合で悩むことは、まずないでしょう。

・浮かせて見せる効果

図3-7のように、元から用意されている「アクション・バー」は、少し上に「浮いて」見えますね。これは、「elevation」(上昇)というプロパティです。

リスト3-6中における「ツール・バー」の設定は、リスト3-9の部分です。

【リスト3-9】「浮いて見える」ようにする設定
```
android:elevation="4dp"
```

●文字列を下に置く

「ツール・バー」の下に文字列を置きます。

「activity_main.xml」には、元からサンプルの「TextView」が配置されているので、それを編集してもいいでしょう。

【リスト3-10】文字列を「ツール・バー」の下に配置
```
<TextView
  android:text="@string/initial_message"
  android:layout_width="wrap_content"
  android:layout_height="wrap_content"
  android:layout_below="@+id/custom_toolbar"
  android:layout_marginTop="40dp"
  android:id="@+id/textResult"
  android:textAppearance=
    "?android:attr/textAppearanceLarge"
/>
```

リスト3-10では、「id」を「textResult」にしているので、この「TextView」を「textResult」と呼んで説明をしていきます。

[3-1] 「ツール・バー」の登場

・部品の位置関係

「textResult」を「ツール・バーの下に配置する」という指定は、リスト3-11に示す部分です。

【リスト3-11】部品同士の位置関係を示す
```
android:layout_below="@+id/custom_toolbar"
```

・表示する文字列

「textResult」に表示する文字列は、リスト3-12のように書いてあります。

【リスト3-12】「textResult」に表示する文字列
```
android:text="@string/initial_message"
```

リスト3-12に書かれた「@string/initial_message」の内容は、「strings.xml」に書いておきます。たとえば、リスト3-13の通りです。

【リスト3-13】「strings.xml」に書いておく
```
<string name="initial_message">実はツール・バーです</string>
```

●「activity_main.xml」の全文

では、リスト3-14にここまでの「activity_main.xml」の全文を示します。

なお、「RelativeLayout」のタグに書かれている属性は、自動で書かれているものです。

【リスト3-14】「activity_main.xml」全文
```
<RelativeLayout xmlns:android=
"http://schemas.android.com/apk/res/android"
xmlns:tools="http://schemas.android.com/tools"
android:layout_width="match_parent"
android:layout_height="match_parent"
android:paddingLeft="@dimen/activity_horizontal_margin"
android:paddingRight="@dimen/activity_horizontal_margin"
android:paddingTop="@dimen/activity_vertical_margin"
android:paddingBottom="@dimen/activity_vertical_margin"
tools:context=".MainActivity">
```

第3章 ツール・バー

```
<Toolbar
    android:id="@+id/custom_toolbar"
    android:layout_height="wrap_content"
    android:layout_width="match_parent"
    android:background="?android:attr/colorPrimary"
    android:elevation="4dp"
    />

<TextView
    android:text="@string/initial_message"
    android:layout_width="wrap_content"
    android:layout_height="wrap_content"
    android:layout_below="@+id/custom_toolbar"
    android:layout_marginTop="40dp"
    android:id="@+id/textResult"
    android:textAppearance=
       "?android:attr/textAppearanceLarge" />

</RelativeLayout>
```

■「アクティビティ」のソースを編集

●「アクティビティ」とは

「アクティビティ」という名前は、「Activity」というJavaのクラスからきています。

「Activity」を継承したクラス、およびそのインスタンスを総称して、「アクティビティ」と呼びます。

Androidアプリの画面を記述するJavaのプログラムは、みんなこの「Activity」を継承したクラスの定義から出来ています。

> ※実は、リソースファイルの内容もすべてJavaで書けるのですが、プログラムが長くなるので、「動作」以外はリソースファイルに書くようにしています。

●「MainActivity」を開く

作成中のアプリ「MyToolBar」では、「MainActivity.java」がアクティビティの定義ファイルです。

「Android Studio」の「プロジェクト・ビュー」で「java」のフォルダを開きます。
すると、似たような名前の「パッケージ名」のフォルダが2つ現われます。

下のほうにあるのはテスト・プログラムのパッケージで、本書では用いません。
上のパッケージを開くと「MainActivity」が現われます。

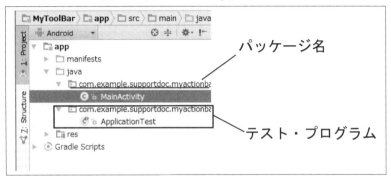

図3-8 「MainActivity」のファイル

「MainActivity」にはファイルの拡張子が示されていませんが、これはJavaのソースファイルです。

ダブルクリックして、エディタ上で開いてみましょう。
すでにコードが書かれていますが、編集しながら重要な部分のみ解説していきます。

●アクティビティのメソッド「onCreate」

画面を出すときに行なう作業は、メソッド「onCreate」に書きます。
アプリ「MyToolBar」には画面が1つしかないので、「アプリが起動したときに行なう作業」と考えても、ほぼ同じです。

第3章 ツール・バー

あらかじめ書かれている「onCreate」の作業は、「レイアウトファイルactivity_mainを基に画面を描く」ということです。

そこで、画面に関するすべての作業は、リスト3-15に示した初期の内容のあとに書くようにします。

【リスト3-15】メソッド「onCreate」の最初の内容

```
@Override
protected void onCreate(Bundle savedInstanceState){
  super.onCreate(savedInstanceState);
  setContentView(R.layout.activity_main);

  //画面に関するすべての作業はここから書く

}
```

●「ツール・バー」を「アクション・バー」として用いる

最初のリスト3-1で一部を示したように、「このアプリのアクション・バーとしてツール・バーを用いる」というコードを書きます。

「ツール・バー」のインスタンスは、レイアウトファイルに作った「ツール・バーのID」を呼び出して作成します。

【リスト3-16】「ツール・バーのインスタンス」を作成

```
Toolbar toolbar=(Toolbar)findViewById(R.id.custom_toolbar);
```

リスト3-16で、「ToolBar」は、「android.widget.Toolbar」というクラスです。

＊

新しくクラスをインポートするときは、「Android Studio」の「補完機能」が便利です。

図3-9のような表示が出たときに「Alt＋改行」を押します。これで、インポート文が自動で書かれます。

[3-1] 「ツール・バー」の登場

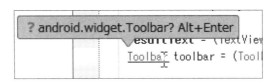

図3-9 「Alt＋改行」でインポート自動記入

そしてリスト3-17を書けば、「アクション・バー」として「ツール・バー」を設定したことになります。

【リスト3-17】「ツール・バー」を「アクション・バー」にする
```
if(toolbar!=null){
  setActionBar(toolbar);
}
```

●動作確認

これで一度アプリを起動してください。上部に固定された「アクション・バー」はなくなります。

そして、同じような位置に、独立した「ツール・バー」が置かれて、「アクション・ボタン」が表示されます。

図3-10 「ツール・バー」に「アクション・ボタン」がついた

■ボタンをクリックしたら

●「アクション・バー」なので簡単

図3-10で、「アクション・ボタン」をクリックしたときに、「実はツール・バーです」と表示されている「テキスト・ビュー」に、ボタンに応じた文字列が表示されるようにしましょう。

たとえば、図3-11のような感じです。

第3章 ツール・バー

図3-11 「ヘルプ」を想定したボタンを選んだとき

アプリ「MyToolBar」では、「ツール・バー」を「アクション・バー」として使うと決めてあるので、作業はとても楽です。

● 表示文字列を登録

「strings.xml」を開いて、「ツール・ボタン」をクリックしたときに「テキスト・ビュー」に表示させるための文字列を追加します。

たとえば、リスト3-18のような内容です。

【リスト3-18】「テキスト・ビュー」に表示させる文字列
```
<string name="click_setting">Settingを選びました</string>
<string name="click_help">Helpを選びました</string>
<string name="click_info">Infoを選びました</string>
```

● 「テキスト・ビュー」のインスタンス

文字列を表示させるための「テキスト・ビュー」を、「アクティビティ」のプログラム上でインスタンスにします。

＊

まず、「アクティビティ」内のどこにでも使えるように、「メンバー変数」としてすべてのメソッドの前に定義します。

「m」は「メンバー変数」であることを分かりやすくするためにつけてあります。

【リスト3-19】「メンバー変数」を定義
```
TextView mTextResult;
```

[3-1] 「ツール・バー」の登場

「mTextResult」のインスタンスは、レイアウトファイル「activity_main.xml」に記述した「テキスト・ビュー」の、「textResult」から取得します。

「MainActivity」のメソッド「onCreate」において、**リスト3-17**に続けて**リスト3-20**を書きましょう。

【リスト3-20】レイアウトファイルに書いた部品を、インスタンスにする
```
mTextResult=(TextView)findViewById(R.id.textResult);
```

● メニュー項目のidでスイッチする

「ツール・バー」を「アクション・バー」として使うと決めたので、「アクション・バー」のためにすでに書かれているコードを利用できます。

「アクション・ボタン」をクリックしたときの動作を、メソッド「onOptionsItemSelected」に書き加えます。
すでに書かれている内容は、**リスト3-21**の通りです。
「menu_main.xml」の内容を書き換えたので、エラーが表示されているかもしれませんが、これから直すので気にしないでください。

【リスト3-21】最初から書かれている「onOptionsItemSelected」
```
@Override
public boolean onOptionsItemSelected(MenuItem item){

  int id=item.getItemId();

  if (id==R.id.action_settings){
    return true;
  }

  return super.onOptionsItemSelected(item);

}
```

リスト3-21から、「menu_main.xml」で決めた「item」タグの「id」によって処理を分けることが分かります。

第3章 ツール・バー

そこで、リスト3-22のように書きます。

【リスト3-22】メソッド「onOptionsItemSelected」の完成

```java
@Override
public boolean onOptionsItemSelected(MenuItem item){

  int id=item.getItemId();

  if (id==R.id.action_setting){
    mTextResult.setText(R.string.click_setting);
    return true;
  }else if (id==R.id.action_help){
    mTextResult.setText(R.string.click_help);
    return true;
  }else if (id==R.id.action_info){
    mTextResult.setText(R.string.click_info);
    return true;
  }

  return super.onOptionsItemSelected(item);

}
```

●動作確認

ここまでの作業が終わったら、アプリを実行します。

「ツール・バー」上のボタンを押して、「テキスト・ビュー」の文字列の内容が変わることを確認してください。

> ※ここまでのプロジェクト「MyToolBar」で作った各ファイルを、サンプルファイルの「sample/chap3/mytoolbar/src1」に収録してあります。

3-2 2本目の「ツール・バー」のレイアウト

■バーらしくない「ツール・バー」にする

2本目からの「ツール・バー」では、外観から動作から、すべて自分で書きます。そこで、「バー」らしくない外見にしてみましょう。

図3-12に示す下部の短い長方形がそれです。

図3-12 2本目の「ツール・バー」は、「ツール・バー」らしくなく

2本目の「ツール・バー」のボタンをクリックしたときの動作は、1本目と同じように「テキスト・ビュー」の「mTextResult」の表示を変更するようにします。

■リソースファイルを編集

●「strings.xml」を編集

1本目の「ツール・バー」で書いたのと同じように、「strings.xml」に書き加えます。リスト3-23のように書きます。

【リスト3-23】「strings.xml」に追記
```
<string name="mybar_edit">Edit</string>
<string name="mybar_delete">delete</string>
<string name="click_edit">Editを選びました</string>
<string name="click_delete">Deleteを選びました</string>
```

●レイアウトファイルを編集

「activity_main.xml」を開き、リスト3-24のように部品の記述を追加します。

第3章　ツール・バー

【リスト3-24】activity_main.xml

```
<Toolbar
  android:id="@+id/mybar"
  android:layout_height="wrap_content"
  android:layout_width="match_parent"
  android:background="?android:attr/colorPrimaryDark"
  android:elevation="4dp"
  android:layout_below="@+id/textResult"
  android:layout_marginTop="40dp"
  android:layout_marginLeft="200dp"
  android:paddingRight="16dp"
/>
```

リスト3-24では、「ツール・バー」らしくなく見せるために、以下のような工夫をしています。

・「ツール・バー」の置き場所

　まず、「テキスト・ビューの下」に置くようにします。リスト3-25です。

【リスト3-25】「ツール・バー」を「テキスト・ビュー」の下に置く

```
android:layout_below="@+id/textResult"
```

・「ツール・バー」の幅

　バーが短いのは、幅を直接短くしたのではありません。「幅は枠いっぱい」という設定は同じです。

　ただし、左の余白を「200dp」と、大きくとっています。

【リスト3-26】バーの幅を短くする設定

```
android:layout_width="match_parent"
android:layout_marginLeft="200dp"
```

「デザイン・ビュー」で見ると、図3-13のように短くできたことが分かります。

[3-2] 2本目の「ツール・バー」のレイアウト

図3-13 「短いツール・バー」になった

●アイコンを追加

表3-3の2つのアイコンを、プロジェクト「MyToolBar」に導入します。

3つのアイコンの基になる画像ファイルは、**サンプルファイル**の「chap3/mytoolbar/pict」に収録してあります。

自分で作る場合は、「白」に見える部分は「透明」にしてください。

表3-3 「ツール・バー」に追加するアイコンの設定

想定する用途	編集	削除
画　像		
元の画像名	edit.png	delete.png
リソース名	ic_action_edit	ic_action_delete

※「想定する用途」とは画像の形や名前を決めるに至った想定であり、本当に用途に合うようにプログラムを書くことはしません。

●新しいメニューのリソースファイル

新しい「ツール・バー」のために、新しいメニューのリソースファイルを作ります。

「menu_main.xml」を同じ場所にコピーして名前を変更するのが、最も

簡単な方法です。ファイルの名前は「menu_mybar.xml」にします。

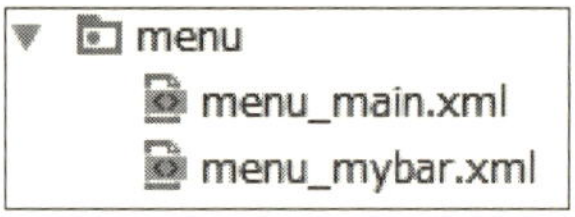

```
▼ 📁 menu
     📄 menu_main.xml
     📄 menu_mybar.xml
```

図3-14　新しいメニューのリソースファイル

名前を変更したら、「menu_mybar.xml」を開きます。
「item」タグを2つに減らし、**リスト3-27**のように中身を変更します。

【リスト3-27】2つの「item」タグ

```
<item android:id="@+id/mybar_edit"
  android:title="@string/mybar_edit"
  android:icon="@drawable/ic_action_edit"
  android:orderInCategory="1"
  android:showAsAction="always" />

<item android:id="@+id/mybar_delete"
  android:title="@string/mybar_delete"
  android:icon="@drawable/ic_action_delete"
  android:orderInCategory="2"
  android:showAsAction="always" />
```

3-3　2本目の「ツール・バー」の動作

■「ツール・バー」を「メンバー変数」にする

次に、「MainActivity.java」を編集します。

2本目の「ツール・バー」は、もはやアプリに備えられた「アクション・バー」ではないので、自分でいろいろ設定していかなければなりません。

そこで、まずメンバー変数「mMyBar」を作ります。
リスト3-19で「テキスト・ビュー」の「メンバー変数」を作ったのと同じ場所に書きます。

【リスト3-28】メンバー変数「mMyBar」

```
Toolbar mMyBar;
```

[3-3] 2本目の「ツール・バー」の動作

■「イベント・メソッド」の中身を作る

●自分で定義するメソッド

「ツール・バー」のボタンをクリックしたときの、「イベント・メソッド」を作ります。

まず、しなければいけないことを、まとめてメソッドにします。
これは自分で勝手にまとめたメソッドであって、イベントを検知する保証は与えられていません。
あとから、Androidの仕様に従ったメソッドで呼び出します。

ただの中身なので、メソッド名は自分で好きに決めてかまいませんが、引数は本物の「イベント・メソッド」に合わせます。

*

メソッド名を「onMyBarMenuItemClick」として、リスト3-29のように書きます。

【リスト3-29】メソッド「onMyBarMenuItemClick」

```
boolean onMyBarMenuItemClick(MenuItem item){

  int id=item.getItemId();

  if (id==R.id.mybar_edit){
    mTextResult.setText(R.string.click_edit);
    return true;

  }else if (id==R.id.mybar_delete){
    mTextResult.setText(R.string.click_delete);
    return true;
  }

  return false;
}
```

第3章 ツール・バー

■「ツール・バー」を整える

2本目の「ツール・バー」のインスタンスを整える作業をまとめて、メソッド「initMyBar」にします。

【リスト3-30】メソッド「initMyBar」

```
void initMyBar(){
  mMyBar=(Toolbar)findViewById(R.id.mybar);
  mMyBar.inflateMenu(R.menu.menu_mybar);
  mMyBar.setOnMenuItemClickListener(
    new Toolbar.OnMenuItemClickListener(){
      @Override
      public boolean onMenuItemClick(MenuItem item){
        return onMyBarMenuItemClick(item);
      }
    }
  );
}
```

●メニューの内容を読み取る

リスト3-30には、メニューのリソースファイル「menu_mybar.xml」から内容を読み取って、「ツール・バー」上に配置する作業が書かれています。

リスト3-31にその部分を示します。

【リスト3-31】メニューのリソースファイルを読み取る

```
mMyBar.inflateMenu(R.menu.menu_mybar);
```

なお、アクティビティの「onCreateOptionsMenu」というメソッドにも同じ記述があります。

これは、自動記入されたコードで、読み取るリソースファイル名は「menu_main.xml」になっています。

1本目の「ツール・バー」で、「menu_main.xml」を書くだけですぐにボタンが表示されるのは、このためです。

●真の「イベント・メソッド」

リスト3-30には 真の「イベント・メソッド」が書かれています。「ToolBar.

[3-3] 2本目の「ツール・バー」の動作

OnMenuItemClickListener」というインターフェイスの実装メソッドです。

リスト3-32にその部分を示します。自分で作った「OnMyBarMenuItemClick」を、ここで呼び出しています。

【リスト3-32】メニューのリソースファイルを読み取る
```
mMyBar.setOnMenuItemClickListener(
  new Toolbar.OnMenuItemClickListener(){
    @Override
    public boolean onMenuItemClick(MenuItem item){
      return onMyBarMenuItemClick(item);
    }
  }
);
```

●「onCreate」ですべて呼び出す

定義したメソッド「initMyBar」は、メソッド「onCreate」中で呼び出します。

このようにして、2本目の「ツール・バー」を整えるすべての作業が、「onCreate」中で行なわれます。

【リスト3-33】メソッド「onCreate」に加える
```
@Override
protected void onCreate(Bundle savedInstanceState){

...これまでの内容...

  initMyBar();
}
```

●動作確認

アプリを実行して、図3-12のような外観と動作が得られることを確認してください。

> ※完成したプロジェクト「MyToolBar」の各ファイルを、サンプルファイルの「sample/chap3/mytoolbar/src2」に収録してあります。

第4章

フローティング・ボタン

「Android 5.0」の「マテリアル・デザイン」の指針では、「アクションボタン」はさらに自由な形状をとれるようになります。その一例が、「フローティング・アクション・ボタン」です。
このインターフェイスを実現するためには、「Android 5.0」からの手法を随所で用います。

4-1 「フローティング・ボタン」とは

■浮いているように見えるボタン

●Androidのページでよく見られる

「フローティング・ボタン」とは、「フローティング・アクションボタン」とも呼ばれることが多いのですが、Androidの最新の開発者ページの画面例によく出ています。

図4-1はそのひとつです。画面の下のほうにボタンが1つ、浮いたような様子で置いてあります（http://developer.android.com/design/material/index.html）。

図4-1　「フローティング・ボタン」の典型例

[4-1] 「フローティング・ボタン」とは

●**本書のサンプル**

本書で作る「フローティング・ボタン」は、図4-2のように画像の上隅にボタンを置くものです。

図4-2　本書での「フローティング・ボタン」

●**ボタンはコードで書く**

「フローティング・ボタン」の特徴は、ボタンの多くの記述をXMLやJavaのコードで書くことです。

ボタンに表示させる記号こそ画像ファイルを使いますが、「色」や「形」（円形）、「大きさ」などはコードで書きます。

●**本書では「置くだけ」**

「フローティング・ボタン」を完全に作るには、相当な量のプログラムを書かなければなりません。

しかし、「Android 5.0」に特に関係ないコードも大量にあるので、本書では「ボタンを置くだけ」のプログラムにします。

> ※ボタンとして完成するまでの解説は、サンプルファイルの「doc/chap4-all」に文書として用意してあるので、関心のある方は挑戦してください。

第4章 フローティング・ボタン

4-2 プログラミングの準備

■プロジェクトの作成とファイルの準備

●プロジェクト「MyFloatingButton」

「MyFloatingButton」というプロジェクトを作ります。

これまでと同様に、「空のアクティビティ」が1つだけのプロジェクトです。

●カラーとスタイル

前章までに用いた「カラー」と「スタイル」は、本章では省略します。

ただし、「colors.xml」は使うので、プロジェクトに自動作成されていなければ、自分で作っておいてください。

●起動アイコン

起動アイコンには、サンプルファイルの「sample/chap4/myfloatingbutton/pict」に、「myfloatingbutton.png」があるので利用してください。

●画面表示に使う画像

図4-2で使っている猫の絵は、サンプルファイルの「sample/chap4/myfloatingbutton/pict」にある「cat1.png」です。

エクスプローラ上でコピーをしておき、「Android Studio」の「プロジェクト・ビュー」上でペーストできます。

なお、画像は「drawable」フォルダ上でペーストするのですが、もし「hdpi」のような余計な添え書きがあったら、「エクスプローラ」上の他のフォルダに入ってしまったことになるため、ファイルを移動しなければなりません。

図4-3 「hdpi」などの添え書きがあった場合

ファイルの移動は、「Refactor」のサブメニューから「Move」を選んで行ないます。「drawable」という名前のフォルダに移動してください。

[4-2] プログラミングの準備

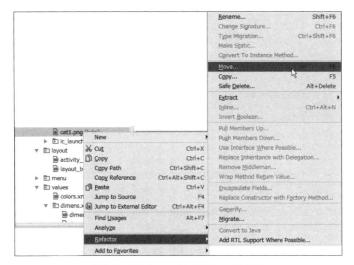

図4-4 「Refactor」から「Move」を選ぶ

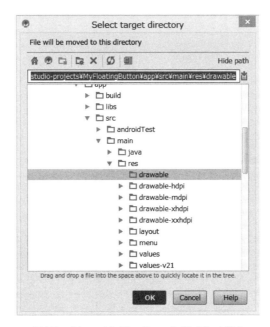

図4-5 「drawable」というフォルダに正しく導く

第4章 フローティング・ボタン

●ボタンのシンボル画像

次に、「ボタンのシンボル（記号）となる画像」が必要です。
これは、「drawable」フォルダに置きます。

大きさは「64×64ピクセル」くらいがちょうどいいでしょう。
記号の形は単純に、色は黒などのハッキリした色で、背景は透明にしてください。

サンプルファイルの「sample/chap4/myfloatingbutton/pict」に、「buttonshowinfo.png」があるので、利用してください。

図4-6　buttonshowinfo.png

■数値の登録

●dimens.xml

今回はじめて「dimens.xml」というリソースファイルを編集します。

「dimens」は「dimension」（ディメンジョン）の略で、「大きさ」を意味し、部品の大きさや余白などの数値を登録しておくものです。
主に「dp」単位で、定数のみです。計算はできません。

図4-7　dimens.xml

「dimens.xml」を開きます。添え書きがついていないほうでかまいません。
ここから、「resources」タグの中に追記します。

[4-2] プログラミングの準備

●ボタンに関わる大きさ

リスト4-1は、ボタンの「背景」(background) と「記号」(symbol) の大きさを表わします。

【リスト4-1】ボタンの「背景」と「記号」の大きさ

```xml
<dimen name="button_background_size">60dp</dimen>
<dimen name="button_symbol_size">24dp</dimen>
```

さらに、ボタンに関わるいろいろな大きさを、リスト4-2のように書いておきます。

【リスト4-2】部品を記述するXML文書

```xml
<dimen name="button_margintop">16dp</dimen>
<dimen name="button_elevation">4dp</dimen>
```

●ダミー領域の大きさ

リスト4-3は、「フローティング・ボタン」の配置のために用いる、ダミー領域の大きさです。

【リスト4-3】部品を記述するXML文書の概要

```xml
<dimen name="dummy_width">72dp</dimen>
<dimen name="dummy_height">90dp</dimen>
```

＊

これらの値は、他のリソースファイルで使っていきます。

■色の登録

「colors.xml」において、ボタンの色を登録します。

【リスト4-4】「colors.xml」の最低限必要な設定

```xml
<?xml version="1.0" encoding="utf-8"?>
<resources>
  <color name="button_color">#ff9800</color>
</resources>
```

第4章 フローティング・ボタン

リスト4-4では、ボタンの色を想定して、「オレンジ」を登録しました。

4-3 ボタンの「色」と「形」

■色と形をXMLで記述

●「drawable」フォルダに置くXMLファイル

これまで、「drawable」というフォルダには画像ファイルを置いてきましたが、XMLファイルで図形を記述したファイルも、そこに置いて利用します。

まず、ボタンの「色と形」だけをXMLファイルに記述します。
「表示する記号（シンボル）」を表わす「button_symbol.xml」と、「背景色」を表わす「button_background.xml」の2つを作ります。

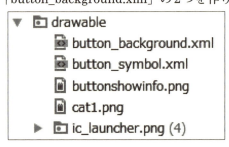

図4-8 「drawable」フォルダにはXMLファイルも置ける

■ボタンのシンボル

「button_symbol.xml」には、画像ファイル「buttonshowinfo.png」を用いるという記述をします。

【リスト4-5】「button_symbol.xml」の全文

```
<?xml version="1.0" encoding="UTF-8"?>
<selector
xmlns:android=
"http://schemas.android.com/apk/res/android">
  <item>
   <bitmap android:src="@drawable/buttonshowinfo"
```

[4-3] ボタンの「色」と「形」

```
      android:tint="@android:color/white" />
  </item>
</selector>
```

リスト4-5で「selector」（選択）というタグがあるのは、このあと「ボタンをクリックしたかどうかで画像ファイルの選択を切り替える」という記述をするからです。

しかし、本書ではボタンクリックまでは扱いません。

■ボタンの背景色

「button_background.xml」で背景色を記述するには、リスト4-6のように、「shape」と「solid」のタグを用います。

【リスト4-6】「button_background.xml」の全文
```
<?xml version="1.0" encoding="UTF-8"?>
<selector xmlns:android=
  "http://schemas.android.com/apk/res/android">

<item>
 <shape>
   <solid android:color="@color/button_color" />
 </shape>
</item>

</selector>
```

ボタンが「丸い」という設定は、リスト4-6には書いてありません。他の場所で書きます。

*

以上で、ボタンの「色と形」を記述するXMLは終わりです。

第4章 フローティング・ボタン

4-4 「ボタンの実体」をレイアウト

■「ボタンの実体」を描くレイアウトファイル

●ボタンの形は「FrameLayout」

新しく、「ボタンの実体」(大きさや位置)をレイアウトするファイルを追加します。

「activity_main.xml」と同じ位置に、「layout_button.xml」というファイルを作りましょう。

中身の概要は、リスト4-7の通りです。

【リスト4-7】「layout_button.xml」の概要

```xml
<?xml version="1.0" encoding="utf-8"?>
<FrameLayout xmlns:android=
"http://schemas.android.com/apk/res/android"
 android:orientation="vertical"
 android:layout_width="match_parent"
 android:layout_height="match_parent">

  <みなさんのパッケージ名.FloatingButton
     android:id="@+id/button"
     ボタンの背景に関する属性>

  <ImageView
     ボタンの記号に関する属性/>

  </みなさんのパッケージ名.FloatingButton>

</FrameLayout>
```

リスト4-7のもっとも大きい枠組みは、「FrameLayout」です。

「FrameLayout」は最も簡単なレイアウトで、システムにすべて任せる並べ方です。

レイアウトファイルでは、「android:」という記述を使っていくために、大枠のレイアウトの属性には、**リスト4-8**の記述が必要になります。

[4-4]　「ボタンの実体」をレイアウト

【リスト4-8】いちばん大枠のレイアウトには必要な記述
```
xmlns:android="http://schemas.android.com/apk/res/android"
```

■これから作る「FloatingButton」

　リスト4-7に書いた「FloatingButton」は、これから作るJavaのクラスのインスタンスです。

　「みなさんのパッケージ名」と書いたところには、皆さんが使っているパッケージ名を入れます。
　Javaのクラスの定義をまだ書いていないので、エラー表示が出ますが、先にXMLファイルをすべ書いてしまいましょう。

　エラーは気にしないで、リスト4-9のように書いてください。

【リスト4-9】「FloatingButton」の全記述
```
<みなさんのパッケージ名.FloatingButton
 android:id="@+id/button"
 android:layout_width="@dimen/button_background_size"
 android:layout_height="@dimen/button_background_size"
 android:layout_marginTop="@dimen/button_margintop"
 android:elevation="@dimen/button_elevation"
 android:background="@drawable/button_background"
 android:layout_gravity="center_horizontal">

  <ImageView
   android:layout_width="@dimen/button_symbol_size"
   android:layout_height="@dimen/button_symbol_size"
   android:src="@drawable/button_symbol"
   android:layout_gravity="center"
   android:duplicateParentState="true"/>

</みなさんのパッケージ名.FloatingButton>
```

　リスト4-9は長いですが、実は単純な設定の繰り返しです。
　その書き方について、以下に説明します。

第4章 フローティング・ボタン

●「ボタンの背景」を設定

まだ書いていないクラス「FloatingButton」ですが、その背景に、「ボタンの背景色」を記述したXMLの内容を用いています。

リスト4-10が、その記述です。

【リスト4-10】「FloatingButton」の背景

```
android:background="@drawable/button_background"
```

●ボタンの「大きさ」と「位置」

「FloatingButton」の大きさは、リスト4-11のように設定しています。

【リスト4-11】ボタンの大きさ

```
android:layout_width="@dimen/button_background_size"
android:layout_height="@dimen/button_background_size"
```

位置は、リスト4-12のように設定しています。

水平方向には中央に置き、上部には適当な余白（マージン）をつけます。

【リスト4-12】中央に置き、上の余白を少しとる

```
android:layout_gravity="center_horizontal"
android:layout_marginTop="@dimen/button_margintop"
```

●浮かせる高さ

「フローティング・ボタン」なのです、リスト4-13のように「elevation」の属性で「浮かします」。

【リスト4-13】「elevation」で浮かす

```
android:elevation="@dimen/button_elevation"
```

*

以上が、リスト4-9における「FloatingButton」の設定の説明でした。

[4-4] 「ボタンの実体」をレイアウト

■ボタンの記号を設定

●「FloatingButton」の中の「ImageView」

リスト4-9で、「FloatingButton」は自らの中に「ImageView」を置いて、記号となる画像を保持させます。

以下に、その設定を説明します。

● XMLの画像リソースを用いる

リスト4-9に書かれた「ImageView」の特徴は、画像ファイルではなく、XMLファイル「button_symbol.xml」をリソースに用いることです。

【リスト4-14】「ImageView」のリソースにXMLファイル
```
android:src="@drawable/button_symbol"
```

●大きさと位置

「ImageView」の大きさと位置は、リスト4-15のように設定しています。

【リスト4-15】画像の「大きさ」と「位置」
```
android:layout_width="@dimen/button_symbol_size"
android:layout_height="@dimen/button_symbol_size"
android:layout_gravity="center"
```

●記号と背景の挙動をそろえる

ボタンの「記号」と「背景」が一体となって挙動するように、「ImageView」のほうで、「親の状態に従う」という設定をしています。

【リスト4-16】「親」(背景)の状態に従う
```
android:duplicateParentState="true"
```

＊

以上が、リスト4-9に書かれた「layout_button.xml」の説明でした。

クラス「FloatingButton」をまだ定義していないので、「layout_button.xml」は「デザイン・ビュー」で見ることはできません。

しかし、ファイルとしては、これで完成です。

第4章 フローティング・ボタン

4-5 「ボタンを置く画面」のレイアウト

■アクティビティのレイアウトを編集

アプリ「MyFloatingButton」では、「フラグメント」であるボタンを、「アクティビティ」の画面の上に置く構造になります。

そこで、「activity_main.xml」を編集します。

■普通の部品を配置する

●XMLで直接書く

まず、「デザイン・ビュー」でも見られる普通の部品として「TextView」と「ImageView」を配置します。

「TextView」に配置する文字列は、「strings.xml」にリスト4-17のように登録しておきます。

【リスト4-17】「strings.xml」に登録

```
<string name="what_string">これは何でしょう</string>
```

＊

また、「ImageView」には「drawable」フォルダに導入ずみの「cat1.png」を直接載せます。

これらは「デザイン・ビュー」のパレットにもある普通の部品ですが、XMLで直接書きます。

なぜなら、「フローティング・ボタン」をそれらしく載せるのには、これらの部品の位置が重要だからです。

部品の配置は、リスト4-18の通りです（大枠の「RelativeLayout」は自動記入なので省略）。

【リスト4-18】「TextView」と「ImageView」を配置

```
<TextView
  android:text="@string/what_string"
  android:layout_width="wrap_content"
  android:layout_height="wrap_content"
```

[4-5] 「ボタンを置く画面」のレイアウト

```
 android:textAppearance=
  "?android:attr/textAppearanceLarge"
 android:id="@+id/theTextView"/>
<ImageView
 android:layout_width="wrap_content"
 android:layout_height="wrap_content"
 android:id="@+id/theImageView"
 android:src="@drawable/cat1"
 android:layout_centerVertical="true"
/>
```

「デザイン・ビュー」では、図4-9のように表示されます。

図4-9 普通の部品を「デザイン・ビュー」で表示

●どのような配置になるのか

さて、重要であると述べた2つの部品の配置について確認しましょう。

「TextView」には、位置の設定をしません。
そのため、自動的に「左上隅」に配置されます。

「ImageView」は「TextView」の下に見えますが、「layout_below」で下に配置したのではありません。
リスト4-19のように、「親」（大枠のRelativeLayout）の中央に置く設定です。

第4章 フローティング・ボタン

【リスト4-19】「ImageView」の位置を設定

```
android:layout_centerVertical="true"
```

●ボタンを置くためのダミー領域

ボタンを置くための空の領域として、「FrameLayout」をリスト4-20のように用意します。

領域の大きさは、「dimen.xml」で、ボタンよりやや大きい値を決めてあります。

【リスト4-20】ダミー領域の記述

```
<FrameLayout
  android:id="@+id/dummy_fragment"
  android:layout_width="@dimen/dummy_width"
  android:layout_height="@dimen/dummy_height"
  android:layout_below="@id/theTextView"
/>
```

ボタンを「theTextView」の下に置くと、「画面の中央」に置いた「ImageView」にちょうどよくかぶさります。

そこにダミー領域を置いておきます。リスト4-20内のリスト4-21がその記述です。

【リスト4-21】ダミー領域の位置

```
android:layout_below="@id/theTextView"
```

リスト4-20をリスト4-18のあとに記述して、「activity_main.xml」は完了です。全文は省略します。

●「デザイン・ビュー」で確認

「activity_main.xml」を完成してから「デザイン・ビュー」に切り替えると、図4-10のように「TextView」「ImageView」の他に、「FrameLayout」という部品が見えます。

表示してみると枠だけですが、図4-11のように「ImageView」に半分かぶさる場所にあることが分かります。

[4-6] ボタンを描くJavaクラス

図4-10 「FrameLayout」がある　　図4-11 「ImageView」にかぶさる位置

以上で、すべてのXMLファイルの作成と編集は終わりです。

4-6　ボタンを描くJavaクラス

■クラス「FloatingButton」

「MainActivity」と同じ場所に、新しいJavaのソースファイル、「FloatingButton.java」を作ります。

図4-12　クラス「FloatingButton」を作成

●「layout_button.xml」で呼んだもの

4-4節の「layout_button.xml」で、要素に書いた「FloatingButton」を定義するクラスです。

これを完成すると、「layout_button.xml」のエラーも消えます。

第4章 フローティング・ボタン

●「FrameLayout」を継承

クラス「FloatingButton」は、「FlameLayout」を継承します。
よって、**リスト4-22**のように定義します。

【リスト4-22】「FloatingButton」の定義

```
public class FloatingButton extends FrameLayout{
}
```

■「FloatingButton」のコンストラクタ

●コンストラクタは必須

リスト4-22の枠組みを書いただけで、「Android Studio」のエディタはエラーを出すでしょう。

理由は、「FrameLayout」を継承するならば、必ず「クラスのコンストラクタ」を実装しないといけないからです。

そこで、**リスト4-23**のようにコンストラクタを作成します。

【リスト4-23】「FloatingButton」のコンストラクタ

```
public FloatingButton(Context context, AttributeSet attrs,
 int defStyleAttr, int defStyleRes){

 super(context, attrs, defStyleAttr);

 setOutlineProvider(new ViewOutlineProvider(){
  @Override
  public void getOutline(View view, Outline outline){
    outline.setOval(0,0,getWidth(), getHeight());
  }
 });

 setClipToOutline(true);
}
```

●ボタンを丸く切り抜く記述

リスト4-23で重要なのは、ボタンを丸く切り抜いているところです。
まず円形の「アウトライン」を決めるのに、「Android 5.0」からのインターフェイスである「ViewOutlineProvider」、そしてクラス「Outline」

を使っています。
リスト4-24に示す部分です。

【リスト4-24】円形のアウトライン
```
setOutlineProvider(new ViewOutlineProvider(){
  @Override
    public void getOutline(View view, Outline outline){
      outline.setOval(0,0,getWidth(), getHeight());
  }
});
```

切り抜きを決定するのが、リスト4-25です。

【リスト4-25】切り抜きを決定
```
setClipToOutline(true);
```

*

以上、リスト4-23の説明でした。

●他のコンストラクタも定義

続けて、引数の異なるコンストラクタを、環境から与えられる条件（どの条件が決まっているかいないか）に合わせて複数作ります。

【リスト4-26】引数の数が違うコンストラクタ
```
public FloatingButton(Context context){
  this(context, null, 0, 0);
}

public FloatingButton(Context context,
    AttributeSet attrs){
  this(context, attrs, 0, 0);
}

public FloatingButton(Context context,
    AttributeSet attrs, int defStyleAttr){
  this(context, attrs, defStyleAttr, 0);
}
```

*

最後に「FloatingButton.java」の構造を示します。
ただし、パッケージ名とインポートの宣言は省略します。

【リスト4-27】「FloatingButton.java」の構造
```
public class FloatingButton extends FrameLayout{

    ...リスト4-23...

    ...リスト4-26...
}
```

4-7 ボタンを載せる「フラグメント」

■「フラグメント」とは

クラス「FloatingButton」で定義したボタンを置く「Fragment」(フラグメント)のクラスを定義します。

「フラグメント」とは「断片」の意味で、「アクティビティ」の弟分のようなものです。アプリと直接やり取りしないだけで、他はアクティビティによく似た使い方ができます。

*

以降では、ファイル「FloatingButtonFragment.java」を作り、編集していきます。

■「フラグメント」クラスの基本

●「Fragment」を継承

リスト4-28のように、「FloatingButtonFragment」の定義を書きます。
「android.app.Fragment」を継承します。

【リスト4-28】「Fragment」を継承
```
public class FloatingButtonFragment extends Fragment{

}
```

[4-7] ボタンを載せる「フラグメント」

●「onCreateView」を実装

クラス「Fragment」では、画面の初期化は、メソッド「onCreateView」の実装に書きます。

メソッド「onCreateView」は、**リスト4-29**のような枠組みを持ちます。

【リスト4-29】「onCreateView」の枠組み
```
@Override
  public View onCreateView(LayoutInflater inflater,
  ViewGroup container,Bundle savedInstanceState){
}
```

■「onCreateView」の書き方

●レイアウトファイルから「ビュー」を得る

「onCreateView」では、まずフラグメントとして描きたい部品のレイアウトファイルから、「ビューのインスタンス」を得ます。

ここで、描きたい部品とは「ボタン」です。そのレイアウトは、**リスト4-8**の「layout_button.xml」ファイルに書きました。

【リスト4-30】「layout_button」から「ビュー」を得る
```
View buttonLayout=inflater.inflate(
  R.layout.layout_button, container, false);
```

リスト4-30で2番目の引数「container」は、メソッドに渡される引数をそのまま使います。

3番目の引数「false」は、このフラグメントがアプリの主要な画面ではないことを表わします。

引数「buttonLayout」に得られるインスタンスの正体は、「FrameLayout」です。

しかし、「FrameLayout」は「View」のサブクラスなので、これでいいのです。

そして、「Viewかそのサブクラス」であるという以上に詳しい情報は、必要ありません。

第4章　フローティング・ボタン

そこで、リスト4-31のように、「buttonLayout」をそのまま返して完了です。

【リスト4-31】とにかく返して完了

```
return buttonLayout;
```

＊

ボタンを配置したフラグメントの定義は、これで終わりです。

フラグメントの書き方はこの先も重要なので、リスト4-32に「FloatingButtonFragment.java」の全文を示します。

ただし、パッケージ名とインポートの宣言は、省略します。

【リスト4-32】「FloatingButtonFragment.java」の全文

```
public class FloatingButtonFragment extends Fragment{
@Override
public View onCreateView(LayoutInflater inflater,
    ViewGroup container,
    Bundle savedInstanceState){

  View buttonlayout=inflater.inflate(
    R.layout.layout_button, container,false);

    return buttonlayout;
  }
}
```

■アクティビティを編集

●フラグメントを置く

いよいよ、このアプリも最後の作業、「MainActivity」を編集します。

必要なのは「FloatingButtonFragment」のインスタンスを表示する記述です。メソッド「onCreate」に記述します。

【リスト4-33】フラグメントを表示

```
if (savedInstanceState==null){

  FragmentTransaction transaction=
```

[4-7] ボタンを載せる「フラグメント」

```
    getFragmentManager().beginTransaction();

 FloatingButtonFragment fragment=
    new FloatingButtonFragment();

 transaction.replace(R.id.dummy_fragment,fragment);

 transaction.commit();

}
```

　リスト4-33に示したのは、アクティビティの上にフラグメントを載せるための標準的なコードです。

　「FragmentTransaction」（フラグメント・トランザクション）とはデータベースなどにおける「トランザクション」と同じで、バックグラウンド処理を確実に行なう方法です。

＊

　「フラグメント」を「ダミー領域」と置き換えることで、意図した場所にボタンを表示することができます。
　その部分を、リスト4-34に示します。

【リスト4-34】ダミーな領域と置き換える
```
transaction.replace(R.id.dummy_fragment,fragment);
```
＊

　「MainActivity.java」の編集は以上です。

　「onCreate」以外に自動記入してあるメソッドは、削除してもかまいません。

　そこで、「MainActivity.java」の構造は、リスト4-34のようになります。ただし、パッケージ名とインポートの宣言は省略します。

第4章 フローティング・ボタン

【リスト4-35】「MainActivity.java」の構造

```
public class MainActivity extends Activity{

  @Override
  protected void onCreate(Bundle savedInstanceState){
    super.onCreate(savedInstanceState);
    setContentView(R.layout.activity_main);

    ...リスト4-33...
  }
  //他のメソッドはあってもなくてもよい
}
```

*

　小さなボタンを1つ画面に置くのに、ずいぶんたくさんのファイルを書きましたね。

　アプリを実行してみましょう。
　図4-2に示したような「画像の上にかぶさっているボタン」が表示できたでしょうか。

> ※ここまでの「MyFloatingButton」で編集した各ファイルを、サンプルファイルの「sample/chap4/myfloatingbutton/src」に収録してあります。

RecyclerView

「Android 5.0」から加わった新しいリスト表示の方法が、「RecyclerView」です。
いままでのリスト表示の煩雑さから一新され、極めて簡単な記述で、軽快にリスト表示ができます。

5-1 「RecyclerView」とは

■極めて簡単なリスト表示

●サンプルの完成イメージ

本章で作るサンプルでは、図5-1のように、簡単な項目のリスト表示をします。

項目は100個もありますが、スクロールして見ることができます。
「仮想デバイス」の遅い動作でも、かなりの軽快さでスクロール表示できると思います。

●リストを簡単に記述する「RecyclerView」

これまでにAndroidのプログラミングでリスト表示を扱ってきた人なら、「リスト」の表示がいくつもの「レイアウトファイル」や「アクティビティ」「フラグメント」などのJavaソースを用いて、非常に煩雑であったことを思い出すかもしれません。
これは、「Android4.0」から、「アクティビティ」に画面表示の負荷をかけないため、「フラグメント」などに作業を分担させたからです。

第5章　RecyclerView

図5-1　スクロールして見ることができる、項目の簡単なリスト表示

　「Android 5.0」以降でも考え方は同じですが、共通の処理をAPIにまとめた「RecyclerView」によって、プログラマーが書かなければいけない内容が激減しました。
　また、内容がまとまっただけでなく、作業手順が洗練されて動作も軽くなています。

　「RecyclerView」の「Recycle」が示すように、同じセルのインスタンスを使いまわしながら、表示だけ変えるのです。

●表示内容は「ViewHolder」に

　「RecyclerView」では、セルのインスタンスと表示する内容を、切り離して扱います。
　そこで、表示内容の情報はは別途「ViewHolder」というインスタンスにもたせます。本当に「内容」だけで、「レイアウト」までは関与しません。
　　　　　　　　　　　　　　　＊
　以上の概要を念頭に置きつつ、これから「RecyclerView」のアプリを実際に作っていきます。

[5-1] 「RecyclerView」とは

■プロジェクトの作成とファイルの準備

●プロジェクト「MyRecyclerView」
「MyRecyclerView」というプロジェクトを作ります。
これまでと同様に、アクティビティが1つだけのプロジェクトです。

●カラーとスタイル
第2章で用いた「カラー」と「スタイル」を、本章でも用います。
アプリの動作に直接影響はしませんが、「リスト」の部分が見やすくなります。

必要なファイル、または内容を、プロジェクト「MyMaterialDesign」からコピーしておいてください。

●起動アイコン
「起動アイコン」には、サンプルファイルの「sample/chap5/pict」に、「myrecyclerview.png」があるので、利用してください。
その他には特に画像を用いません。

●dimens.xml
「ちょっとだけ隙間を置く」ために、リスト5-1のように「8dp」という値を登録しておきます。

【リスト5-1】「8dp」を登録
```
<dimen name="small_margin">8dp</dimen>
```

●strings.xml
図5-1の、「番目の項目です」を登録しておきます。リスト5-2の通りです。

【リスト5-2】「番目の項目です」を登録
```
<string name="list_string">番目の項目です</string>
```

第5章 RecyclerView

5-2 「サポート・ライブラリ」のインストール

■v7サポート・ライブラリ

「RecyclerView」は、「android.support.v7.widget」というパッケージのクラスです。

「v7」は、「Android OS 2.1」が使う「APIレベル7」を示します。
古いOSでも使えるライブラリ、ということです。

「RecyclerView」には、「新しいバージョンのライブラリ」と「古いOSにも使えるサポート・ライブラリ」の区別がありません。
「Android 5.0」であっても、「サポート・ライブラリ」を用います。

■「サポート・ライブラリ」の導入

●「Gradle」を用いてプロジェクトにインポート

「サポート・ライブラリ」は、標準のAndroidライブラリにはありません。そのためプロジェクトに新たにインポートしますが、それにはまず、オンラインでAndroidの「ライブラリ・レポジトリ」からダウンロードする必要があります。

このような作業には、「Android Studio」のプロジェクト管理ツール、「Gradle」を用います。

●「SDK」で必要なツール

「Gradle」でライブラリをインポートするためには、SDKの中に「サポート・ライブラリ」と「サポート・レポジトリ」というツールが必要です。

普通は「Android Studio」の最初の起動のとき、自動でインストールされます。

しかし、もし後述の作業で「リソースが見つからない」などのエラーが出た場合は、「SDKマネージャ」を開いて確認してください。

画面を下にスクロールして「Extras」というフォルダの中を確認します。
恐らく、いちばん上に「Android Support Library」「Android Support

Repositoryが続けて置いてあるはずです。

もし、図5-2のように「Installed」という表示がなかったら、チェックを入れてインストール、またはアップデートしてください。

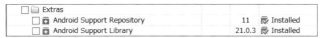

図5-2 「SDKマネージャ」で確認

●「Gradle」の設定ファイルを編集

追加のライブラリをインポートするための「Gradle」の設定ファイルは、「プロジェクト・ビュー」で見ることができます。

「Gradle Scripts」というノードを開いて、「build.gradle」というファイルを探すのですが、2つあります。

そのうち、「Module:app」と添え書きのあるものを選んでください。

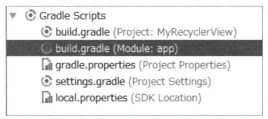

図5-3 「build.gradle (Module:app)」というファイル

ファイルに、リスト5-3のような「dependencies」という設定を見つけてください。いちばん下にあると思います。

【リスト5-3】「button_symbol.xml」の全文

```
dependencies{
  compile fileTree(dir: 'libs', include: ['*.jar'])
  //リスト5-4を追記する
}
```

「dependencies」の設定に、リスト5-4を追記します。

第5章　RecyclerView

【リスト5-4】「v7サポート・ライブラリ」の導入

```
compile 'com.android.support:recyclerview-v7:21.+'
```

　リスト5-4には、「21.+」というバージョン番号が設定されています。
　「21」は「Android5.0」のAPIレベルを示します。その中で最新のアップデートを用いるという記述です。

図5-4　「Gradle」の設定ファイルに書き込んだところ

●「Gradle」で同期（コンパイル）

　「サポート・ライブラリ」を追加する設定を記入したら、「Gradle」を扱うツール・ボタンのうち、**図5-5**をクリックします。
　「Gradle」のロゴと、下向きの矢印が描かれているボタンです。

図5-5　「Gradle」で「同期」するボタン

　なお、このときプログラムもコンパイルされて、コンパイルエラーがあると処理が止まってしまいます。

[5-3] レイアウトファイル

そのため、「サポート・ライブラリ」のインポートは、コードの難しい編集をしないうちにしたほうが効率的です。

＊

では、これから本格的にアプリを作っていきましょう。

5-3　レイアウトファイル

■「RecyclerView」のフラグメント

「RecyclerView」のフラグメントをレイアウトするXMLファイルを作ります。

「activity_main.xml」と同じ位置に、「recyclerview_fragment.xml」を作ってください。

その後、**リスト5-5**のように、XMLを直接書きます。

【リスト5-5】「RecyclerView」を置くレイアウト

```
<?xml version="1.0" encoding="utf-8"?>
<FrameLayout xmlns:android=
"http://schemas.android.com/apk/res/android"
android:orientation="vertical"
android:layout_width="match_parent"
android:layout_height="match_parent">

  <android.support.v7.widget.RecyclerView
    android:id="@+id/recyclerView"
    android:layout_width="match_parent"
    android:layout_height="match_parent"
    android:background="?android:attr/colorPrimary"
  />

</FrameLayout>
```

リスト5-5の全体の構造は、「FrameLayout」です。

その中に、「android.support.v7.widget.RecyclerView」という部品を置きます。

画面いっぱいに広がるように、全体の「FrameLayout」も「RecyclerView」も、大きさは「match_parent」にしてあります。

第5章 RecyclerView

「RecyclerView」の背景色は、「colorPrimary」です。

■リストの各「行」のレイアウト

「RecyclerView」で表示するリストの各「行」も、レイアウトしておかなければなりません。

文字列ひとつを置くにすぎないにしても、そこに「テキスト・ビュー」を置いて、idを決めるなどの処理は必要です。

他のレイアウトファイルと同じ位置に、「list_row_item.xml」を作り、リスト5-6のように書きます。

【リスト5-6】list_row_item.xml

```xml
<?xml version="1.0" encoding="utf-8"?>
<LinearLayout
xmlns:android="http://schemas.android.com/apk/res/android"
android:orientation="vertical"
android:layout_margin="@dimen/small_margin"
android:layout_width="match_parent"
android:layout_height="match_parent">

  <TextView
    android:layout_width="match_parent"
    android:layout_height="wrap_content"
    android:id="@+id/listTextView"
    android:layout_gravity="center_horizontal"
    android:background="?android:attr/colorPrimary"
    />

</LinearLayout>
```

リスト5-6の大枠である「LinearLayout」は、このレイアウトの中にあるものを縦または横一列に並べるという、最も簡単なレイアウトです。

「テキスト・ビュー」の「listTextView」が、リストの文字列を表示する場所ですが、レイアウトファイル上では、「text」の値は不要です。

プログラミングで制御されるからです。

「listTextView」の背景色は、「RecyclerView」と同じ色にします。

■「アクティビティ」のレイアウトファイル

「activity_main.xml」を編集します。

「アクティビティ」には、なるべく複雑な部品を置かないようにします。

部品は「フラグメント」に置いて、「アクティビティ」にはその「フラグメント」と置き換えるためのダミーの「FrameLayout」を置くだけにします。

なお、最初から1つ「TextView」が記入されています。

これは消してもかまいませんがこのアプリでは生かすことにしましょう。そこで、**リスト5-7**のように書きます。

【リスト5-7】activity_main.xml

```xml
<RelativeLayout
...自動で記入されている属性...>

 <TextView
  android:text="@string/hello_world"
  android:layout_width="wrap_content"
  android:layout_height="wrap_content"
  android:id="@+id/titleText"
 />

 <FrameLayout
  android:id="@+id/dummy_fragment"
  android:layout_width="match_parent"
  android:layout_height="match_parent"
  android:layout_below="@+id/titleText"
  android:layout_alignParentEnd="true">
 </FrameLayout>

</RelativeLayout>
```

「activity_main.xml」は、位置関係や大きさの概略を「デザイン・ビュー」で決めてから、XMLを直接書いて確定するのが効率的です。

「strings.xml」において、「@string/hello_world」に与える文字列をリスト5-8のように書き換えると、「これがRecycleView」と表示できます。

第5章 RecyclerView

【リスト5-8】「strings.xml」での編集

```
<string name="hello_world">これがRecyclerView</string>
```

＊

以上で、レイアウトの編集は完了です。

5-4 「アダプタ」のプログラミング

■「アダプタ」とは

●「RecyclerView.Adapter」のサブクラス

これからプログラムで定義する「アダプタ」とは、従来のリスト表示における「ListAdapter」などにもあるように、リストの各行のどの部品に、何のデータを表示するかを設定するためのクラスです。

「RecyclerView」の内部クラスである、「RecyclerView.Adapter」のサブクラスとして定義し、必要な抽象メソッドを実装していきます。

●「ViewHolder」とともに定義

「RecyclerView.Adapter」は、「RecyclerView.ViewHolderのサブクラスを扱うジェネリック型」です。

そこで、クラス「MyRecyclerAdapter」を「RecyclerView.Adapterのサブクラス」とするならば、「MyRecyclerAdapter」は、「RecyclerView.ViewHolder」のサブクラスを扱わなければいけません。

■「アダプタ」が使う「ビュー・ホルダー」を作成

●「RecyclerView.ViewHolder」のサブクラス

まず、これを作りましょう。

ソース・ファイル「MyRecyclerViewHolder.java」を作り、リスト5-9のように定義します。

【リスト5-9】「MyRecyclerViewHolder」の定義

```
public class MyRecyclerViewHolder extends
 RecyclerView.ViewHolder{
```

[5-4] 「アダプタ」のプログラミング

●「TextView」が必要

この「ビュー・ホルダー」に必要なのは、図5-1に示したように「○番目の項目です」という文字列を載せる「TextView」です。

それを、メンバー変数「mTextView」とします。

●「コンストラクタ」と「getメソッド」

メンバー変数「mTextView」は、レイアウトファイル「list_row_item.xml」で定義した「listTextView」に結び付けます。

その作業は、「MyRecyclerViewHolder」のコンストラクタで行ないます。

また、他のクラスが「mTextView」を参照できるように、「get」メソッドを作ります。

*

以上、「MyRecyclerViewHolder.java」の全文を、**リスト5-10**に示します。
なお、パッケージ名やインポートの宣言は省略します。

【リスト5-10】MyRecyclerViewHolder.java

```java
public class MyRecyclerViewHolder extends
  RecyclerView.ViewHolder{

  private final TextView mTextView;

  public MyRecyclerViewHolder(View view){
    super(view);
    mTextView=
    (TextView) view.findViewById(R.id.listTextView);
  }

  public TextView getmTextView(){
    return mTextView;
  }
}
```

第5章 RecyclerView

■「アダプタ」の定義

●「RecyclerView.Adapter」の継承方法

ソースファイル「MyRecyclerAdapter.java」を作ります。

このクラスは「RecyclerView.Adapter」を継承しますが、その書き方にはリスト5-11のように「MyRecyclerViewHolder」を利用します。

【リスト5-11】「MyRecyclerAdapter」の定義

```
public class MyRecyclerAdapter extends
  RecyclerView.Adapter<MyRecyclerViewHolder>{
```

●「アダプタ」に必要なもの

「アダプタ」が、メンバー変数としてもつべきものは2つです。

・リストにする「データの配列」

このアプリでは、リストの各項目は文字列1つずつなので、リスト5-12のように、文字列の配列を定義します。

【リスト5-12】データの配列

```
private String[] mDataArray;
```

・コンテキスト

「コンテキスト」とは、アダプタの「呼び出し元の情報」のことです。

実際の内容は、アダプタを呼び出したアプリが自動で入れてくれるので、その「容器」として用意しておきます。

【リスト5-13】「コンテキスト」をメンバー変数に

```
private Context mContext;
```

これらのメンバー変数は、コンストラクタで値を入れるように書きます。

[5-4] 「アダプタ」のプログラミング

【リスト5-14】コンストラクタ

```
public MyRecyclerAdapter(Context context,
  String [] dataArray){
  mContext=context;
  mDataArray=dataArray;
}
```

●「実装」するメソッド

継承している「RecyclerView.Adapter」の抽象メソッドを「実装」しますが、「RecyclerCiew.Adapter」はジェネリック型なので、以下の**リスト5-15**の戻り値には、「MyRecyclerViewHolder」を用います。

・onCreateViewHolder

リスト5-15のメソッド「onCreateViewHolder」では、レイアウトファイルの内容からリストのインスタンスを得て、「ビュー・ホルダー」と結び付けます。

引数「viewType」は、アプリが自動的に与えます。

【リスト5-15】メソッド「onCreateViewHolder」

```
@Override
public MyRecyclerViewHolder onCreateViewHolder(
 ViewGroup viewGroup, int viewType){

  View view=LayoutInflater.from(viewGroup.getContext()
   ).inflate(R.layout.list_row_item,
    viewGroup, false);

  return new MyRecyclerViewHolder(view);
}
```

リスト5-15で注意すべきは、「LayoutInflater」の使い方です。

「ビュー・ホルダー」は、「アクティビティ」や「フラグメント」のような画面情報をもちません。

「LayoutInflater」のインスタンスは、そのレイアウトを載せる画面に属するインスタンスです。

そのため、「from」というメソッドで、画面からインスタンスを得ています。

第5章 RecyclerView

【リスト5-16】メソッド「from」
```
LayoutInflater.from(viewGroup.getContext())
```

「アクティビティ」や「フラグメント」での使い方（「LayoutInflater」は引数として渡される）とは違うので、「ビュー・ホルダー」を使うときには、気をつけてください。

・onBindViewHolder

リスト5-17に示す「onBindViewHolder」も、「実装」するメソッドですが、引数には「MyRecyclerViewHolder」を用います。

メソッド「onBindViewHolder」では、リストの各行に値を設定します。
引数「position」はアプリが自動で与えるものを、メソッドの中で使います。

【リスト5-17】メソッド「onBindViewHolder」
```java
@Override
public void onBindViewHolder(
 MyRecyclerViewHolder viewHolder, int position{
   viewHolder.getmTextView().setText(
     mDataArray [position]);
}
```

・getItemCount

項目の数を返すメソッド、「getItemCount」を実装します。

● 「MyReclyerAdapter.java」の全文

このような「MyRecyclerAdapter」の定義の全文を、リスト5-18に示します。なお、パッケージ名やインポートの宣言は省略します。

【リスト5-18】「MyReclyerAdapter.java」全文
```java
public class MyRecyclerAdapter extends
  RecyclerView.Adapter<MyRecyclerViewHolder>{

  private String [] mDataArray;
```

[5-4] 「アダプタ」のプログラミング

```java
  private Context mContext;

  public MyRecyclerAdapter(Context context,
    String[] dataArray){
    mContext=context;
    mDataArray=dataArray;
  }

  @Override
  public MyRecyclerViewHolder onCreateViewHolder(
    ViewGroup viewGroup, int viewType){

    View view=LayoutInflater.from(viewGroup.getContext()
    ).inflate(R.layout.list_row_item,
              viewGroup, false);

    return new MyRecyclerViewHolder(view);
  }

  @Override
  public void onBindViewHolder(
  MyRecyclerViewHolder viewHolder, int position){
    viewHolder.getmTextView().setText(
      mDataArray[position]);
  }

  @Override
  public int getItemCount(){
    return mDataArray.length;
  }
}
```

5-5 「アダプタ」を用いるフラグメント

■「フラグメント」のクラスを定義

前節で作った「MyRecyclerView」のインスタンスは、リストを記述する「フラグメント」の定義の中で作って用います。

＊

「android.app.Fragment」のサブクラス「MyRecyclerViewFragment」のソースファイルを作ります。

●メンバー変数

メンバー変数は、リスト5-19の通りです。

【リスト5-19】「MyRecycleViewFragment」のメンバー変数
```
protected RecyclerView mRecyclerView;
protected RecyclerView.Adapter mAdapter;
protected RecyclerView.LayoutManager mLayoutManager;
protected String[] mDataset;
```

ずいぶんありますね。これらのメンバー変数の使い方については、随時解説していきます。

●データを準備

リストに表示するデータを準備します。

データは画面表示に関係ないので、アクティビティのメソッドと同じような「onCreate」の中で定義します。

メンバー変数「mDataSet」が、これで準備されます。

【リスト5-20】メソッド「initDataset」
```
private void initDataset(){
  mDataset=new String[100];
  for (int i=0; i<100; i++){
    mDataset[i]=i+ getString(R.string.list_string);
  }
}
```

[5-5] 「アダプタ」を用いるフラグメント

■メソッド「onCreateView」の内容
●基本的な構造
「MyRecyclerFragment」はフラグメントのサブクラスなので、「レイアウトファイルから画面を作って戻す」のが基本です。

このレイアウトファイルは、「recyclerview_fragment.xml」です。

【リスト5-21】「onCreateView」の基本
```
@Override
public View onCreateView(LayoutInflater inflater,
 ViewGroup container, Bundle savedInstanceState){

  View rView=inflater.inflate(
   R.layout.recyclerview_fragment,
   container, false);

...rViewにいろいろ機能を追加...

  return rView;
}
```

*

リスト5-21の中に、機能を追加していきます。

・「RecyclerView」のインスタンスを取得

レイアウトファイルに定義した「ID」で、画面中の「RecyclerView」のインスタンスを取得します。

メンバー変数「mRecyclerView」が、これで用意されます。

【リスト5-22】「RecycleView」のインスタンスを取得
```
mRecyclerView=
 (RecyclerView)rView.findViewById(R.id.recyclerView);
```

・リスト状に並べる

「RecyclerView」は、「RecyclerView.LayoutManager」(レイアウト・マネージャ)によって、表示項目を並べます。

「RecyclerView」で、**図5-1**のように実現する「リストのような表示」の正体は、「テキスト・ビュー」の「縦型のLinearLayout」なのです。

第5章 RecyclerView

これを実現するために、**リスト5-23**のようにします。

【リスト5-23】「RecyclerViewのレイアウト・マネージャ」を設定
```
mLayoutManager=new LinearLayoutManager(getActivity());
mRecyclerView.setLayoutManager(mLayoutManager);
```

リスト5-23の「LinearLayoutManager」は普通のウィジェット・クラスではなく、「android.support.v7.widget.LinearLayoutManager」という「サポート・ライブラリ」のクラスです。

ほぼ、「RecyclerView専用のレイアウト・マネージャ」と言えます。

コンストラクタの引数には、通常はこのフラグメントを配置するアクティビティのインスタンスをあてます。

これで、メンバー変数「mLayoutManager」が用意されます。

・「アダプタ」を設定

「RecyclerView」のアダプタとして、**第5-4節**で定義した「MyRecyclerAdapter」のインスタンスを作ります。

リスト5-24のように、メンバー変数「mAdapter」が用意されます。

【リスト5-24】「MyRecyclerAdapter」のインスタンスを作成
```
mAdapter=new MyRecyclerAdapter(getActivity(), mDataset);
```

「mRecyclerView」のアダプタに「mAdapter」を設定して、画面は完成です。

【リスト5-25】「RecyclerView」の完成
```
mRecyclerView.setAdapter(mAdapter);
```

＊

以上、「MyRecyclerFragment.java」の全文を、**リスト5-26**に示します。ただし、パッケージ名やインポートの宣言は、省略します。

[5-5] 「アダプタ」を用いるフラグメント

【リスト5-26】「MyRecyclerFragment.java」全文

```java
public class MyRecyclerFragment extends Fragment{
  protected RecyclerView mRecyclerView;
  protected RecyclerView.Adapter mAdapter;
  protected RecyclerView.LayoutManager mLayoutManager;
  protected String [] mDataset;

  @Override
  public void onCreate(Bundle savedInstanceState){
    super.onCreate(savedInstanceState);
    initDataset();
  }

  @Override
  public View onCreateView(LayoutInflater inflater,
   ViewGroup container, Bundle savedInstanceState){

    View rView=inflater.inflate(
      R.layout.recyclerview_fragment,
      container, false);

    mRecyclerView=
      (RecyclerView)rView.findViewById(
        R.id.recyclerView);

    mLayoutManager=
      new LinearLayoutManager(getActivity());
    mRecyclerView.setLayoutManager(mLayoutManager);

    mAdapter=new MyRecyclerAdapter(
      getActivity(), mDataset);
    mRecyclerView.setAdapter(mAdapter);

    return rView;
  }

  private void initDataset(){
    mDataset=new String [100];
    for (int i=0; i<100; i++){
      mDataset [i]=i+ getString(R.string.list_string);
    }
  }
}
```

第5章 RecyclerView

5-6 アプリの完成

■「MainActivity」の完成

●「フラグメント」を置くだけ

このアプリ「MyRecyclerView」では、アクティビティにフラグメント「MyRecyclerFragment」を置くだけで完成します。

「MainActivity」のメソッド「onCreate」に、**リスト5-27**を追加します。

【リスト5-27】「onCreate」に追加

```
if(savedInstanceState==null){
  FragmentTransaction transaction=
    getFragmentManager().beginTransaction();
  MyRecyclerFragment fragment=
    new MyRecyclerFragment();
  transaction.replace(R.id.dummy_fragment, fragment);
  transaction.commit();
}
```

「MainActivity」の「onCreate」以外のメソッドは使いませんが、残しておいても支障はありません。

アプリを実行して、**図5-1**や**図5-2**の挙動が得られることを確認してください。

> ※完成した「MyRecyclerView」において作った各ファイルは、サンプルファイルの「sample/chap5/myrecyclerview/src」に収録してあります。

第6章

CardView

「Android 5.0」から加わった新しいビューとして「CardView」（カード・ビュー）があります。
1枚だけなら特に便利な感じもしませんが、「RecyclerView」とともに使うと、今までにない形でのデータ表示ができます。

6-1 簡単な「CardView」のアプリ

■「CardView」とは

●角を丸くして影をつけられる「ビュー・グループ」

「CardView」（カード・ビュー）とは、「FrameLayout」や「LinearLayout」と同じように、複数の部品を載せることができる「ビュー・グループ」です。

特徴として、「角を丸くする」「影をつけて浮かんでいるように見せる」ことができます。

●「RecyclerView」との組み合わせで威力発揮

「カード」が1枚だけなら、形が変わっただけで、どうということもありません。

しかし、「RecyclerView」と組み合わせることで、画像や文章など多くのデータを記した「カード」をスクロールしながら探すようなリストを作ることが可能になります。

図6-1 多くのデータを載せたカードをスクロールして探す

第6章 CardView

● 「サポート・ライブラリ」のクラス

「CardView」は「RecyclerView」と同じ「android.support.v7.widget」パッケージのクラスです。

■プロジェクトの作成とファイルの準備

● プロジェクト「MyCardView」

まずは、図6-2のような、「CardView」が1枚のアプリを書いてみましょう。

　　　　　　　　＊

「MyCardView」というプロジェクトを作ります。

これまでと同様に、「空のアクティビティ」が1つだけのプロジェクトです。

図6-2 「CardView」が1枚だけ

● カラーとスタイル

第2章で用いた「カラー」と「スタイル」を、本章でも使います。

アプリの動作に直接影響はしませんが、「カード」の部分が見やすくなります。

必要なファイルまたは内容を、プロジェクト「MyMaterialDesign」からコピーしておいてください。

● 起動アイコンとその他の画像

「起動アイコン」には、サンプルファイルの「sample/chap6/mycardview/pict」に、「mycardview.png」があるので、利用してください。

このアプリでは、この他に「画面表示に使う画像」を1枚だけ利用します。

これは、「sample/chap6/mycardview/pict」に「cat1.png」で用意してあります（第4章で使ったのと同じもの）。

● dimens.xml

リスト6-1のように、いくつかの余白の大きさを登録しておきます。

【リスト6-1】dimens.xml

```xml
<dimen name="margin_small">8dp</dimen>
<dimen name="margin_medium">16dp</dimen>
<dimen name="margin_large">32dp</dimen>
```

また、「カードの角の丸み（半径）」と、「カードを浮かせる高さ」に用いる数値を、リスト6-2のように書いておきます。

【リスト6-2】「角の丸み」と「浮かせる高さ」

```xml
<dimen name="corner_r">32dp</dimen>
<dimen name="elevation">6dp</dimen>
```

● strings.xml

カードに表示する、簡単な文字列を登録しておきます。

【リスト6-3】カードに表示する文字列

```xml
<string name="cardview_contents">
  これがCardViewです
</string>
```

■「サポート・ライブラリ」をインポート

●「RecyclerView」と同じ方法

「CardView」を使うためには、「RecyclerView」と同じように「Gradle」の設定ファイルに記述をします。

「プロジェクト・ビュー」で「Gradle Scripts」というノードを開き、さらに「build.gradle（Module:app）」というファイルを開きます。

ファイルの下部にある「dependencies」という設定の中に、リスト6-4を書き込みます。

【リスト6-4】「Gradle」の設定ファイルに追加

```
compile "com.android.support:cardview-v7:21.+"
```

第6章 CardView

その後、「Gradleの同期」ボタンをクリックします。

■「CardView」と「フラグメント」のレイアウト
●「フラグメント」にレイアウトを書いてよし

複雑なレイアウトの部品では、「部品のレイアウト」「部品を載せるフラグメントのレイアウト」「アクティビティのレイアウト」と3段階で書くこともあります。

しかし、このアプリの「CardView」は簡単なので、部品とそれを載せるフラグメントのレイアウトを、1つのファイルに書けます。

*

「cardview_fragment.xml」というレイアウトファイルを作ります。

中身の概要は、リスト6-5の通りです。

【リスト6-5】「cardview_fragment.xml」の概要

```
<FrameLayout>

 <android.support.v7.widget.CardView

    ・・・CardViewに載せる部品・・・

 </android.support.v7.widget.CardView>

</FrameLayout>
```

●「FrameLayout」の属性

XMLのルート要素である「FrameLayout」には、これまでも書いてきたような属性を書きます（詳細は後で示します）。

特に「CardView」の場合は、XML内に「CardView」に特有の記述をするので、その参照先をリスト6-6のように登録します。

これは、「FrameLayout」の属性として書きます。

【リスト6-6】「FrameLayout」の属性で大事な部分

```
xmlns:card_view=
 "http://schemas.android.com/apk/res-auto"
```

[6-1] 簡単な「CardView」のアプリ

●「CardView」の属性

一方、「CardView」自身の大事な属性は、リスト6-7に示す「角の丸み」と「浮かせる高さ」の2つです。

【リスト6-7】「CardView」として大事な属性

```
card_view:cardCornerRadius="@dimen/corner_r"
android:elevation="@dimen/elevation"
```

●「CardView」に「LinearLayout」を載せる

「CardView」には「TextView」と「ImageView」を載せたいので、両者を並べた「LinearLayout」を載せます。概要は、リスト6-8の通りです。

【リスト6-8】「CardView」に部品を載せる概要

```xml
<android.support.v7.widget.CardView>
 <LinearLayout>
   <TextView
     android:text="@string/cardview_contents"
     android:id="@+id/cardview_text"/>
   <ImageView android:src="@drawable/cat1"/>
 </LinearLayout>
</android.support.v7.widget.CardView>
```

*

「cardview_fragment.xml」の全文を、リスト6-9に示します。

【リスト6-9】「cardview_fragment.xml」全文

```xml
<FrameLayout
xmlns:android="http://schemas.android.com/apk/res/android"
xmlns:card_view="http://schemas.android.com/apk/res-auto"
android:layout_width="match_parent"
android:layout_height="match_parent">

 <android.support.v7.widget.CardView
   android:id="@+id/cardview"
   android:layout_width="match_parent"
   android:layout_height="wrap_content"
   android:elevation="@dimen/elevation"
   card_view:cardBackgroundColor="@color/accentPink"
   card_view:cardCornerRadius="@dimen/corner_r"
```

第6章 CardView

```
    android:layout_margin="@dimen/margin_large">
  <LinearLayout
    android:layout_height="match_parent"
    android:layout_width="match_parent"
    android:orientation="vertical">
    <TextView
      android:layout_width="wrap_content"
      android:layout_height="wrap_content"
      android:layout_margin="@dimen/margin_medium"
      android:text="@string/cardview_contents"
      android:id="@+id/cardview_text"
      />
    <ImageView
      android:layout_width="wrap_content"
      android:layout_height="wrap_content"
      android:src="@drawable/cat1"
      android:scaleType="center"
      android:layout_margin="@dimen/margin_medium"/>
  </LinearLayout>
  </android.support.v7.widget.CardView>

</FrameLayout>
```

　余白や細かい位置は、**リスト6-9**の通りでなくても、**図6-2**と大きく違うのでなければ、問題ありません。

■フラグメントのソースファイル

●非常に簡単

　内容の決まっている「CardView」を1枚貼り付けるフラグメントのソースコードは、とても簡単です。

　ソースファイル「CardViewFragment.java」を作ります。
　内容は、「onCreateView」を実装した**リスト6-10**のみです。なお、パッケージ名、インポートの宣言は省略します。

【リスト6-10】「CardViewFragment.java」全文

```
public class CardViewFragment extends Fragment{
  @Override
```

[6-1] 簡単な「CardView」のアプリ

```
public View onCreateView(LayoutInflater inflater,
ViewGroup container, Bundle savedInstanceState){
  return inflater.inflate(
  R.layout.cardview_fragment, container, false);
  }
}
```

リスト6-10では、「rView」などの変数を使うことなしに、メソッド「inflate」で得られたインスタンスをそのまま戻します。
得られたインスタンスに、それ以上処理を加える必要がないからです。

■アクティビティのレイアウトとJavaソース

●activity_main

前章の「MyRecyclerView」で編集した内容と、まったく同じです。
画面いっぱいに「FrameLayout」を配置し、「id」を「dummy_fragment」とします。

●MainActivity

前章の「MyRecyclerView」で編集した内容と、ほとんど同じです。
扱うフラグメントのクラス名を「CardViewFragment」にしてください。

【リスト6-11】扱うフラグメントのクラス名だけが違う
```
CardViewFragment fragment=new CardViewFragment();
```
＊
以上で、「MyCardView」は完成です。アプリを実行して表示を確認できたら、「RecyclerView」と組み合わせるアプリを作りましょう。

> ※完成したプロジェクト「MyCardView」において作った各ファイルは、サンプルファイルの「sample/chap6/mycardview/src」に収録してあります。

第6章 CardView

6-2 プロジェクト「CatList」の準備

■必要なファイル

プロジェクト「CatList」を作ります。これまでと同じ、「空のアクティビティ」が1つだけのプロジェクトです。

●色とスタイル

第2章から利用している「色とスタイル」に必要な内容を、プロジェクト「MyMaterialDesign」からコピーしておいてください。

アプリの動作に直接影響はしませんが、見やすくなります。

●起動アイコンとその他の画像

起動アイコンは、サンプルファイルの「sample/chap6/catlist/pict」に、「catlist.png」があるので、利用してください。

このアプリでは、そのほかに「画面表示に使う画像」を複数枚用います。大きさは、「縦横300〜400ピクセル」あれば充分です。
本書では、表6-1のような5枚の画像を用います。

表6-1 アプリ「CatList」に用いる5枚の画像

amesho.png

himaraya.png

kuro.png

mike.png

persia.png

これらの画像は、「sample/chap6/catlist/pict」に用意してあります。
「Android Studio」の「プロジェクト・ビュー」上で、「drawable」フォルダにペーストしてください。

●dimens.xml

リスト6-1に示した、「余白」と「CardViewの形状」に関わる数値を登録しておきます。

[6-2] プロジェクト「CatList」の準備

　加えて、画面上で画像の大きさを「240dp」にするために、リスト6-12の記述を追加します。

【リスト6-12】画像の大きさを指定するための記述
```xml
<dimen name="image_size_medium">240dp</dimen>
```

●strings.xml

　カードには詳細な文字列を表示するため、リスト6-13の値を用意しておきます。

　名前が「title」で始まる短い記述は「図のタイトル」、「about」で始まる長い記述は「図の説明」です。

【リスト6-13】カードに表示する文字列
```xml
<string name="title_amesho">
アメリカン・ショートヘア</string>
<string name="title_himaraya">ヒマラヤン</string>
<string name="title_kuro">黒猫</string>
<string name="title_mike">三毛猫</string>
<string name="title_persia">ペルシャ</string>

<string name="about_amesho">
  明るい性格で気立てが良い。好奇心旺盛。太っても可愛いが、健康のため食生活には気をつけたい。
</string>

<string name="about_himaraya">
  気品があり、もの静か。顔の毛が黒いので鼻が目立たず、青い目だけがのぞく感じが可愛い。
</string>

<string name="about_kuro">
  猫種に限らず黒い猫。賢い印象がある。金色の目と赤い首輪のイメージが定着だが、青や緑の目も多い。
</string>

<string name="about_mike">
  三毛のほとんどは雌猫なので、雌猫らしい性格が見られる。基本的にマイペースだがその性格がむしろ愛される。
</string>
```

第6章 CardView

```
<string name="about_persia">
 モフモフした丸い体型、大きく離れた目、鼻の低さが魅力。長い毛はからまない
ように、よく手入れしてあげたい。
</string>
```

■「サポート・ライブラリ」をインポート

●「RecyclerView」と「CardView」

　このアプリでは「RecyclerView」と「CardView」を両方使います。

　そこで、「プロジェクト・ビュー」で「Gradle Scripts / build.gradle (Module:app)」を開き、ファイルの下部にある「dependencies」内に、リスト6-14を書き込みます。

【リスト6-14】「Gradle」の設定ファイルに追加
```
compile "com.android.support:recyclerview-v7:21.+"
compile "com.android.support:cardview-v7:21.+"
```

　その後、「Gradleの同期」ボタンをクリックします。

6-3　アプリのレイアウト

■「CardView」だけのレイアウト

　このアプリの画面は複雑になるので、まず「CardView」だけのレイアウトファイルを作ります。ファイル名は「card_layout.xml」です。

●3つの部品が縦に並ぶ

　カードには、①「ImageView」、②画像のタイトルを表示する大きい文字の「TextView」、③画像の説明を表示する小さい文字の「TextView」——の3つが縦に並ぶようにします。

[6-3] アプリのレイアウト

図6-3 各カードの望ましいレイアウト

　用意した画像の大きさはどのカードにおいても変わりませんが、文字列の長さはカードによって変わるので、2つの「TextView」をひとつのレイアウトにまとめておきます。
　そして、「TextView」は必ず「ImageView」の下にくるように、全体のレイアウトを記述します。

　一例をリスト6-15に示します。
　全体が「RelativeLayout」になっているのは細かい調整をしやすくするためで、他のレイアウトではダメというわけではありません。

●レイアウト編集上の初期値

　リスト6-15では、編集画面を見やすくするため、画像を「amesho.png」、文字列をそれぞれ「title_amesho」「about_amesho」にしておきます。
　しかし、これらの設定はプログラミングの設定にすぐに置き換わるので、意味はほとんどありません。

【リスト6-15】「card_layout.xml」の全文

```xml
<?xml version="1.0" encoding="utf-8"?>
<android.support.v7.widget.CardView
xmlns:card_view="http://schemas.android.com/apk/res-auto"
xmlns:android="http://schemas.android.com/apk/res/android"
android:id="@+id/card_view"
android:layout_width="match_parent"
android:layout_height="wrap_content"
```

第6章 CardView

```xml
    card_view:cardCornerRadius="@dimen/corner_r"
    card_view:cardElevation="@dimen/elevation"
    android:layout_margin="@dimen/small_margin"
    >

    <RelativeLayout
     android:layout_width="match_parent"
     android:layout_height="match_parent">
        <ImageView
            android:id="@+id/cat_image"
            android:layout_width="@dimen/image_size_medium"
            android:layout_height="@dimen/image_size_medium"
            android:src="@drawable/amesho"
            android:layout_alignParentTop="true"
            android:layout_centerHorizontal="true"
            android:layout_margin="@dimen/medium_margin"/>

        <LinearLayout
            android:orientation="vertical"
            android:layout_width="fill_parent"
            android:layout_height="wrap_content"
            android:layout_below="@+id/cat_image"
            >

            <TextView
                android:layout_width="wrap_content"
                android:layout_height="wrap_content"
                android:text="@string/title_amesho"
                android:id="@+id/cat_title"
                android:textAppearance=
                    "?android:attr/textAppearanceLarge"
                android:layout_gravity="top"
                android:layout_marginLeft="@dimen/small_margin"
                android:layout_marginTop="@dimen/small_margin"
                android:layout_marginRight="@dimen/small_margin"
                />

            <TextView
                android:id="@+id/cat_about"
                android:layout_width="match_parent"
                android:layout_height="wrap_content"
                android:text="@string/about_amesho"
                android:layout_margin="@dimen/small_margin"
```

```
        android:textAppearance=
           "?android:attr/textAppearanceMedium"/>

   </LinearLayout>

  </RelativeLayout>

</android.support.v7.widget.CardView>
```

■フラグメントのレイアウト

●「RecyclerView」の記述のみ

フラグメントのレイアウトファイルを作ります。

フラグメントの大枠は「FrameLayout」ですが、そこには「RecyclerView」だけを置きます。

「RecyclerView」で「CardView」を表示するということは、プログラムの中で書くので、レイアウトファイルには書きません。

リスト6-16のようになります。

【リスト6-16】recyclerview_fragment.xml

```
<FrameLayout
xmlns:android="http://schemas.android.com/apk/res/android"
android:layout_width="match_parent"
android:layout_height="match_parent">

  <android.support.v7.widget.RecyclerView
    android:id="@+id/cardList"
    android:layout_width="match_parent"
    android:layout_height="match_parent"
    />
</FrameLayout>
```

■アクティビティのレイアウト

アクティビティのレイアウトファイルである「activity_main」の内容は、「MyCardView」の場合とまったく同じです。

枠いっぱいに「FrameLayout」を配置し、その「id」を「dummy_fragment」にしてください。

第6章 CardView

6-4 「ビュー・ホルダー」と「アダプタ」

■リスト表示のために必要

「CardView」そのものには「ビュー・ホルダー」や「アダプタ」は要りませんが、アプリ「CatList」では複数のデータを表示する「リスト表示」のために必要になります。

■クラス「CatViewHolder」

●レイアウトファイルの部品を参照

「ビュー・ホルダー」のクラス、「CatViewHolder」を作ります。

レイアウトファイル「card_layout」に定義した、「ImageView」と2つの「TextView」に対応するメンバー変数をもたせます。

＊

リスト6-17に「CatViewHolder.java」の全文を示します。

なお、パッケージ名やインポートの宣言は省略します。

【リスト6-17】CatViewHolder.java

```java
public class CatViewHolder extends RecyclerView.ViewHolder{
  protected ImageView mImageView;
  protected TextView mTitleView;
  protected TextView mAboutView;

  public CatViewHolder(View itemView){
    super(itemView);
    mImageView=(ImageView)itemView.findViewById(
      R.id.cat_image);
    mTitleView=(TextView)itemView.findViewById(
      R.id.cat_title);
    mAboutView=(TextView)itemView.findViewById(
      R.id.cat_about);
  }
}
```

■クラス「Cat」

「アダプタ」を定義するためには、データをプログラミングで記述しなければなりません。そこで、クラス「Cat」を定義します。

[6-4] 「ビュー・ホルダー」と「アダプタ」

「Cat」は、「画像」「タイトルの文字列」「説明の文字列」を、それぞれメンバー変数にもちます。

「画像」や「文字列」は、すべてリソースファイルに登録するので、すべてのプロパティはその識別値となり、「int」のデータ型をもちます。

＊

リスト6-18に、「Cat.java」の全文を示します。

なお、パッケージ名の宣言は省略します。インポートするクラスは特にありません。

【リスト6-18】「Cat.java」全文

```java
public class Cat{
  protected int resourceId;
  protected int titleId;
  protected int aboutId;

  public Cat(int resourceId, int titleId, int aboutId){
    this.resourceId=resourceId;
    this.titleId=titleId;
    this.aboutId=aboutId;
  }
}
```

■クラス「CatAdapter」

●データは「ArrayList」に保持

「CatAdapter」で扱うデータは、「Cat」型のインスタンスです。

データの数がいくつあってもいいように、「ArrayList」に保持します。

これをメンバー変数「mCatList」とし、コンストラクタで初期化します。

【リスト6-19】メンバー変数「mCatList」

```java
List<Cat> mCatList;

public CatAdapter(List<Cat> catList){
  mCatList=catList;
}
```

第6章 CardView

●メソッド「onBindViewHolder」

前章で「アダプタ・クラス」の書き方は学びましたが、メソッド「onBindiewHolder」は扱うデータ、表示するレイアウトによって異なります（基本は同じです）。

「CatAdapter」では、データは「Cat」型のインスタンスですし、「ImageView」と2つの「TextView」を用いて表示するという特徴があります。

そこで、リスト6-20のように、「Cat」インスタンスのプロパティの内容と、各部品を対応させます。

【リスト6-20】メソッド「onBindViewHolder」

```java
@Override
public void onBindViewHolder(
 CatViewHolder catViewHolder, int position){

  Cat ci=mCatList.get(position);
  catViewHolder.mImageView.setImageResource(ci.resourceId);
  catViewHolder.mTitleView.setText(ci.titleId);
  catViewHolder.mAboutView.setText(ci.aboutId);

}
```

*

実装すべき他の2つのメソッド、「onCreateViewHolder」「getItemCount」の考え方は、「MyRecyclerView」の「MyRecyclerAdapter」と同じです。

そこで、リスト6-21に「CatAdapter.java」の全文を示します。
なお、パッケージ名とインポートの宣言は省略します。

【リスト6-21】「CatAdapter.java」全文

```java
public class CatAdapter extends
 RecyclerView.Adapter<CatViewHolder>{

  List<Cat> mCatList;

  public CatAdapter(List<Cat> catList){
    this.mCatList=catList;
  }
```

```
@Override
public int getItemCount(){
  return mCatList.size();
}

@Override
public void onBindViewHolder(
 CatViewHolder catViewHolder, int position){

  Cat ci=mCatList.get(position);
  catViewHolder.mImageView.setImageResource(ci.resourceId);
  catViewHolder.mTitleView.setText(ci.titleId);
  catViewHolder.mAboutView.setText(ci.aboutId);

}

@Override
public CatViewHolder onCreateViewHolder(
 ViewGroup  viewGroup, int position){
  View itemView=
    LayoutInflater.from(
    viewGroup.getContext()).inflate(
      R.layout.card_layout, viewGroup, false);
    return new CatViewHolder(itemView);
 }
}
```

6-5 「フラグメント」と「アクティビティ」

■クラス「CatFragment」

●データの作り方

「アダプタ」を用いたフラグメントのクラス「CatFragment」は、前章の「RecyclerViewFragment」と同じ考え方です。

特徴的なのは、リストに表示するデータの作成方法です。メソッド「initDataset」は、この名前にしなければいけないことはありませんが、「RecyclerViewFragment」に合わせて同じ名前にしてあります。

複数の「Cat」インスタンスを実際に作って、メンバー変数「mCatList」

第6章 CardView

にもたせます。

【リスト6-22】「CatFragment」のメソッド「initDataset」

```java
private void initDataset(){
  mCatList=new ArrayList<Cat>();
  mCatList.add(new Cat(R.drawable.amesho,
    R.string.title_amesho, R.string.about_amesho));
  mCatList.add(new Cat(R.drawable.himaraya,
    R.string.title_himaraya, R.string.about_himaraya));
  mCatList.add(new Cat(R.drawable.kuro,
    R.string.title_kuro, R.string.about_kuro));
  mCatList.add(new Cat(R.drawable.mike,
    R.string.title_mike, R.string.about_mike));
  mCatList.add(new Cat(R.drawable.persia,
    R.string.title_persia, R.string.about_persia));
}
```

●その他の部分

「CatFragment.java」の、リスト6-22以外のすべてのコードを示します。なお、パッケージ名やインポートの宣言は省略します。

【リスト6-23】CatFragment.java

```java
public class CatFragment extends Fragment{
  protected RecyclerView mRecyclerView;
  protected RecyclerView.Adapter mAdapter;
  protected RecyclerView.LayoutManager mLayoutManager;
  protected List<Cat> mCatList;

  @Override
  public void onCreate(Bundle savedInstanceState){
    super.onCreate(savedInstanceState);
    initDataset();
  }

  @Override
  public View onCreateView(LayoutInflater inflater,
    ViewGroup container,
    Bundle savedInstanceState){

    View rView=inflater.inflate(
```

[6-5] 「フラグメント」と「アクティビティ」

```
        R.layout.recyclerview_fragment,
        container, false);
    mRecyclerView=(RecyclerView)rView.findViewById(
        R.id.cardList);
    mRecyclerView.setHasFixedSize(false);
    mLayoutManager =new LinearLayoutManager(
                  getActivity());
    mRecyclerView.setLayoutManager(mLayoutManager);

    mAdapter=new CatAdapter(mCatList);
    mRecyclerView.setAdapter(mAdapter);

    return rView;
    }
    ・・・リスト6-22・・・
}
```

■クラス「MainActivity」

「MainActivity」の内容は、「MyRecyclerView」や「MyCardView」と同じです。

導入するフラグメントのクラス名を、「CatFragment」にしてください。

＊

すべて編集を終えたらアプリを実行してみましょう。図6-2のようなアプリが出来たでしょうか。

スクロールして、すべてのカードを確認してください。

> ※完成したプロジェクト「CatList」において作った各ファイルは、サンプルファイルの「sample/chap6/catlist/src」に収録しています。

第7章 アクティビティ・トランジション

画面が切り替わるときに、何もかもが唐突に変わるとユーザーが変化を追えなくなってしまいます。
このようなときは、「アニメーション」を用いると効果的です。
「Android5.0」では、異なるアクティビティ上の画面間の切り替え用に、アニメーションの新しい表現方法が加わりました。

7-1 画面間のトランジションとは

■画面間の唐突な切り替わりを防ぐ

「トランジション」は、主に「画面間の唐突な切り替わりを防ぐ」という目的のアニメーションのことです(「画面遷移」とも呼ばれます)。

たとえば、図7-1のような画面から、図7-2のような画面に切り替わるのに、画面がプツンと切れたように次の画面に行くようだと、目に優しくありません。

図7-1　急に切り替わるのは目に優しくない

[7-1] 画面間のトランジションとは

　そこで、前の画面から次の画面に徐々に切り替わるように「トランジション」を入れてやります。

＊

　アニメーションで切り替わるようにするもっとも簡単な方法は、画面全体が「フェードイン/アウト」や「スクロール」などで徐々に変わっていく様式でしょう。しかし本章では、「Android5.0」から追加された、新しい表示方法を試してみます。

■共有の表示で「つながり」を見せる

　図7-2を見てください。左側の一覧には「AMESHO」「HIMA」などの略語が書いてあります。

　クリックすると画面が切り替わり、大きな画像と説明が表示されるのですが、そのときに「AMESHO」という文字列が画面間を"ピョン"と飛び越えるようなアニメーション効果をつけたらどうでしょう。

　人の目はその文字列の動きに目を奪われるので、他の部品が「ブツッ」と切り替わっても目に障らないはずです。

　また、「AMESHO」という略語の説明に切り替わったことがより強く印象に残るでしょう。

図7-2　文字列が画面間を飛び越えるような効果

第7章 アクティビティ・トランジション

このように、2つの画面間に共通の部品を置いて、それが画面をまたいで移動したように見せるアニメーションを作ってみましょう。

■「アクティビティ・トランジション」という仕様

図7-2のような画面の切り替わりは、これまでは1つのアクティビティ上で、フラグメントから「シーン」(Scene) と呼ばれるインスタンスを作り、切り替えることで実現してきました。

しかし「Android 5.0」からは、アクティビティを他に切り替えたときの画面遷移の仕様が新しい「アクティビティ・トランジション」になり、書き方も簡単になりました。

そのうちの最も顕著なトランジションである、「共有部品を使った画面のつながり」を、本章で作っていきましょう。

■アニメーションは標準仕様

なお、トランジションの「アニメーション」には、標準仕様を用います。
プログラミングで設定するのは、「使用する部品」と「切り替わる画面」のみです。

7-2 簡単なデモアプリの準備

■すべてが規定値の2つの画面

「アクティビティ・トランジション」の基本は、図7-3のような動作をする簡単なデモアプリで学べます。

＊

図7-3では、扱うデータは1つだけです。

「AMESHO」というデータが渡っているように見えますが、切り替わり先の画面も、切り替わり元と同じ初期値を与えてあるだけです。

図7-3　規定値だけで、それらしく見せる

■プロジェクトの作成と準備

「SimpleActivityTransition」（シンプル・アクティビティ・トランジション）というプロジェクトを作ります。

これまでと同様に、「空のアクティビティ」が1つだけのプロジェクトです。

第7章 アクティビティ・トランジション

●カラーとスタイル

　アプリを見やすくするために、第2章から用いている「カラー」と「スタイル」を、本章でも用います。
　必要なファイルまたは内容を、プロジェクト「MyMaterialDesign」からコピーしておいてください。

●起動アイコンとその他の画像

　起動アイコンには、サンプルファイルの「sample/chap7/simpleactivitytransition/pict」に、「simpleactivitytransition.png」があるので、利用してください。

　また、この他に「画面表示用の画像」を1枚だけ使います。
　これは、サンプルファイルの「sample/chap7/simpleactivitytransition/pict」にある「cat1.png」です。第4章などで使ったのと同じものです。

●dimens.xml

　「dimens.xml」に最低限必要な設定は、リスト7-1の通りです。
　余白と、画面に合わせるための画像の大きさを示します。
　「MyCardView」などの「dimens.xml」から、必要な値をコピーしてもかまいません。

【リスト7-1】必要な大きさの設定
```
<dimen name="medium_margin">8dp</dimen>
<dimen name="image_size_medium">240dp</dimen>
<dimen name="image_size_small">64dp</dimen>
```

●strings.xml

　データ1件ぶんの文字列を登録しておきます。

【リスト7-2】必要な文字列の設定
```
<string name="title_amesho">AMESHO</string>
<string name="about_amesho">
アメリカン・ショートヘア。明るい性格で気立てが良い。好奇心旺盛。太っても可愛いが、健康のため食生活には気をつけたい。
</string>
```

[7-2] 簡単なデモアプリの準備

■切り替わる元の画面の記述
●画面はフラグメントに置く
図7-3の左側にあたる、「切り替わる元の画面」を設定します。

「元のアクティビティ」には、最初から作られているアクティビティのソースファイル「MainActivity」を用いますが、実際の画面描画のためには「フラグメント」を新規作成します。

●レイアウトファイル
新しいレイアウトファイル、「main_fragment.xml」を追加します。

図7-3の左側のような画面を実現するため、中身を**リスト7-3**のように書きます。
大枠はアクティビティに載せるための「FrameLayout」で、画面の記述はその中に書きます。
今まで何度も書いてきたので、慣れたのではないでしょうか。

【リスト7-3】main_fragment.xml
```xml
<?xml version="1.0" encoding="utf-8"?>
<FrameLayout   xmlns:android=
"http://schemas.android.com/apk/res/android"
android:layout_width="match_parent"
android:layout_height="match_parent">
 <LinearLayout
 android:orientation="vertical"
 android:layout_width="match_parent"
 android:layout_height="match_parent">
  <ImageView
   android:layout_width="@dimen/image_size_small"
   android:layout_height="@dimen/image_size_small"
   android:id="@+id/mainImageView"
   android:src="@drawable/cat1"/>

  <TextView
   android:text="@string/title_amesho"
   android:layout_width="wrap_content"
   android:layout_height="wrap_content"
   android:layout_marginTop="@dimen/medium_margin"
```

第7章 アクティビティ・トランジション

```
    android:id="@+id/catText_main">
  </LinearLayout>
</FrameLayout>
```

　大枠の「FrameLayout」の中では、「LinearLayout」でレイアウトを記述していますが、「RelativeLayout」でもかまいません。

＊

　リスト7-3で注目しておくのは、「AMESHO」という文字列を表示するための「TextView」です。
　文字列の値は、「title_amesho」はすでにセットされています。
　このidは、「catText_main」です。

● activity_main

　「activity_main」は、**第5章**から「MyRecycleView」「MyCardView」などで書いてきた内容と同じです。
　自動記入されている「RelativeLayout」の中に、ダミーの「FrameLayout」を1つ書くだけです。
　idは、「dummy_fragment」にします。

■切り替わり先の画面の記述

● フラグメント用のレイアウトファイル

　切り替わり先の画面でも、「アクティビティ」と、そこに置く「フラグメント」のための、2つのレイアウトファイルを作ります。

　「フラグメント」のためには、「detail_fragment.xml」というファイルを作り、**図7-3**の右側の画面のようなレイアウトを作ります。
　リスト7-4のように書いてください。

【リスト7-4】detail_fragment.xml

```xml
<?xml version="1.0" encoding="utf-8"?>
<FrameLayout xmlns:android=
  "http://schemas.android.com/apk/res/android"
  android:layout_width="match_parent"
  android:layout_height="match_parent">
```

[7-2] 簡単なデモアプリの準備

```xml
<RelativeLayout
  android:layout_width="match_parent"
  android:layout_height="match_parent"
  android:paddingLeft="@dimen/activity_horizontal_margin"
  android:paddingRight="@dimen/activity_horizontal_margin"
  android:paddingTop="@dimen/activity_vertical_margin"
  android:paddingBottom="@dimen/activity_vertical_margin"
  >
  <ImageView
    android:layout_width="wrap_content"
    android:layout_height="@dimen/image_size_medium"
    android:id="@+id/detailImage"
    android:src="@drawable/cat1"
    android:scaleType="fitCenter"/>

  <LinearLayout
    android:layout_width="match_parent"
    android:layout_height="wrap_content"
    android:layout_below="@id/detailImage"
    android:orientation="vertical"
    android:layout_marginTop="@dimen/medium_margin">

    <TextView
      android:layout_width="match_parent"
      android:layout_height="wrap_content"
      android:id="@+id/catText_detail"
      android:textAppearance="?android:attr/textAppearanceLarge"
      android:text="@string/title_amesho"/>

    <TextView
      android:layout_marginTop="@dimen/medium_margin"
      android:layout_width="match_parent"
      android:layout_height="wrap_content"
      android:id="@+id/catAbout"
      android:textAppearance="?android:attr/textAppearanceMedium"
      android:text="@string/about_amesho"/>
  </LinearLayout>
 </RelativeLayout>
</FrameLayout>
```

「detail_fragment.xml」に記述した「ImageView」のidは、「detailImageView」で、「TextView」のidは「catText_detail」です。

第7章 アクティビティ・トランジション

● アクティビティ用のレイアウトファイル

　この後、切り替わり先の画面のアクティビティ「DetailActivity」のソースを作るので、そのためのレイアウトファイルである「detail.xml」を作っておきます。

　「RelativeLayout」の中にダミーの「FrameLayout」を置くという構造は「activity_main」とまったく変わりません。
　そこで、「activity_main」の中身を「detail」にそっくりコピーしてしまいます。
　その後、2箇所を変更します。

＊

　まず、リスト7-5のように「MainActivityのために用いる」という記述を、リスト7-6のように、「DetailActivityのために用いる」記述に変更します。

【リスト7-5】「MainActivityのために使う」という記述
```
tools:context=".MainActivity"
```

【リスト7-6】「DetailActivityのために使う」という記述
```
tools:context=".DetailActivity"
```

＊

　次に、リスト7-7のように、「FrameLayout」についているid、「dummy_fragment」を、何か別の名前にします。
　たとえば、リスト7-8は、「detail_dummy_fragment」にしたところです。

【リスト7-7】ダミー領域のid
```
android:id="@+id/dummy_fragment"
```

【リスト7-8】別のidにする
```
android:id="@+id/detail_dummy_fragment"
```

■元の画面のフラグメントとアクティビティ

● MainFragment

　Javaのソースファイル、「MainFragment」を作ります。
　リスト7-9の記述までは、第5章以降で「MyRecyclerView」や「MyCar

dView」のために書いてきた内容と同じ考え方で、「ファイル名」や「部品の種類」が違うだけです。

【リスト7-9】「MainFragment.java」のこれまでと共通の内容
```java
public class MainFragment extends Fragment{

  ImageView catView;
  TextView catText;
  static String TRANSITION="transition";

  @Override
  public View onCreateView(LayoutInflater inflater,
   ViewGroup container, Bundle savedInstanceState){

    View mainView=inflater.inflate(
     R.layout.main_fragment, container, false);

    catView=(ImageView(mainView.findViewById(
     R.id.mainImageView));

    catText=(TextView)(mainView.findViewById(
     R.id.catText_main));
    catText.setText(R.string.title_amesho);

    return mainView;
  }
}
```

● MainActivity

「MainActivity」の内容は、第5章以降で、「MyRecyclerView」や「MyCardView」などで書いたのと、ほとんど変わりません。

導入するフラグメントのクラス名を、「MainFragment」にしてください。

■切り替わり先のフラグメントとアクティビティ

● DetailFragment

切り替わり先の画面に置くフラグメントとして、Javaのソースファイル「DetailFragment」を作ります。

リスト7-10までは、他のフラグメントの「MainFragment」などと、考

え方は同じです。

【リスト7-10】「DetailFragment.java」のこれまでと共通の内容

```java
public class DetailFragment extends Fragment{
  ImageView catImage;
  TextView catTextDetail;
  TextView catAbout;

  @Override
  public View onCreateView(LayoutInflater inflater,
   ViewGroup container, Bundle savedInstanceState){

    View dView=
      inflater.inflate(R.layout.detail_fragment,
        container, false);
    catImage=(ImageView)dView.findViewById(
      R.id.detailImage);
    catTextDetail=(TextView)dView.findViewById(
      R.id.catText_detail);
    catAbout=(TextView)dView.findViewById(
      R.id.catAbout);
    return dView;
  }
}
```

● DetailActivity

「DetailActivity」の内容も、「MainActivity」とほとんど変わりません。メソッド「onCreate」の中で、呼び出す「クラス名」や「ファイル名」が違うだけです。

変更箇所は、リスト7-11からリスト7-13の、3箇所です。

【リスト7-11】自身のレイアウトファイルの名前

```java
setContentView(R.layout.detail);
```

【リスト7-12】「フラグメント」のクラス名

```java
DetailFragment fragment=new DetailFragment();
```

[7-2] 簡単なデモアプリの準備

【リスト7-13】置き換える「ダミー領域」の名前
```
transaction.replace(R.id.detail_dummy_fragment, fragment);
```

■追加したアクティビティを登録

●AndroidManifest.xml

重要な作業がひとつあります。

アクティビティとして「DetailActivity」を追加しましたが、このことは設定ファイル「AndroidManifest.xml」に記録する必要があります。

これは、これまでAndroidアプリを作ったことのある人には「当然」に思えるかもしれませんし、逆に旧開発ツールで「自動作成」に慣れてきた人にはむしろ新しい作業かもしれません。

＊

「AndroidManifest.xml」は、「プロジェクト・ビュー」で、「java」フォルダの上にある「manifests」フォルダをクリックして見つけます。

図7-4 「AndroidManifest.xml」の場所

「AndroidManifest.xml」の「activity」タグに注目してください。
リスト7-14のように、「MainActivity」がすでに登録されています。

【リスト7-14】「MainActivity」がすでに登録ずみ
```
<activity
    android:name=".MainActivity"
    ....
</activity>
```

この後に「DetailActivity」を登録しますが、「MainActivity」ほど複雑な内容ではありません。

「MainActivity」は「ランチャー画面」（アプリとともに起動する画面）を扱うため、登録する内容が多いのです。

＊

第7章 アクティビティ・トランジション

　一方、「DetailActivity」は「MainActivity」から呼び出されるので、リスト7-15のように簡単です。

【リスト7-15】「DetailActivity」の追加
```
<activity android:name=".DetailActivity"/>
```

```
<activity
    android:name=".MainActivity"
    android:label="SimpleActivityTransition" >
    <intent-filter>
        <action android:name="android.intent.action.MAIN" />

        <category android:name="android.intent.category.LAUNCHER" />
    </intent-filter>
</activity>
<activity android:name=".DetailActivity"/>
```

図7-5　実際に登録を追加した様子

＊

　一度アプリを起動して、図7-3の左側の画面が表示されるのを確認しましょう。右側の画面に行く手段は、まだありません。
　これから、「画面の切り替え」と、その「アニメーション化」を記述していきます。

7-3　「画面の切り替え」と「アニメーション化」

■画面の切り替え

●従来と同じ方法

　「MainActivity」の画面において、画像をクリックすると、画面が切り替わるようにしましょう。
　記述は、すべて「MainFragment」のソースコードに追加します。

　また、書き方は従来行なわれていた方法と同じです。
　「フラグメント」が使われるようになったことを除くと、Androidの初期からの方法です。

[7-3] 「画面の切り替え」と「アニメーション化」

● 画像をクリックできるようにする

画像をクリックして「画面切り替えの動作」を呼び出せるように、クラス「MainFragment」に「イベント・リスナー」を実装します。

【リスト7-16】「MainFragment」の定義を変更
```
public class MainFragment extends Fragment implements
View.OnClickListener{
```

*

「View.OnClickListener」のメソッド、「onClick」を実装します。

まず、「ただ切り替わる」だけの処理を書きましょう。
リスト7-17のようなメソッド「onClick」を追加します。
「MainFragment」自身が「イベント・リスナー」を実装したので、自身のメソッドとして実装します。

【リスト7-17】画面が切り替わるためのメソッド「onClick」
```
@Override
public void onClick(View view){

  Intent intent=new Intent(getActivity(),
   DetailActivity.class);

  startActivity(intent);
}
```

リスト7-17で、「Intent」は、呼び出し先のアクティビティに送る情報を担うインスタンスです。

● 「onCreateView」での作業

最後に、「onCreateView」で作業します。
「ImageView」のインスタンスである「catView」に、「リスナー」をつけます。

【リスト7-18】「ImageView」に「リスナー」をつける
```
@Override
```

```
public View onCreateView(...){
  ......
  catView=(ImageView)(mainView.findViewById(
   R.id.mainImageView));

  //リスナーをつける
  catView.setOnClickListener(this);
  ......
}
```

● **実行確認**

アプリを実行します。

図7-3の左に示した画像をクリックすると、右に示したような画面に切り替わることを確かめてください。

＊

ここまでが、「画面遷移」のための準備でした。
いよいよ、「アクティビティ・トランジション」を実現して行きます。

■共有部品を、「アニメーション」でつなげる

●共通のトランジション名

「MainActivity」の画面と「DetailActivity」の画面で共通にするのは、「AMESHO」という文字列を与えてある「TextView」です。

これらを「共通」とするには、同じ「トランジション名」を与えます。

●メソッド「makeSceneTransitionAnimation」

移動元のアクティビティである「MainActivity」においては、トランジション名は「インテント」に与えます。

「画面切り替え」の記述は、「MainFragment」に書きました。
リスト7-16に示したメソッド「onClick」を見てください。
そこに、**リスト7-19**のような、「ActivityOptions」というクラスのインスタンス「aOptions」の記述をします。

【リスト7-19】メソッド「makeSceneTransitionAnimation」

```
ActivityOptions aOptions=
 ActivityOptions.makeSceneTransitionAnimation(
```

[7-3] 「画面の切り替え」と「アニメーション化」

```
  getActivity(), catText, TRANSITION
);
```

リスト7-19では、「aOptions」に「画面切り替えのアニメーション」のための情報をもたせています。

「このフラグメントが貼り付けられたアクティビティ」「フラグメント上のTextView」「共通部品名」を引数として渡します。

「ActivityOptions」というクラスは以前から仕様にありましたが、画面切り替えのアニメーションの情報をもたせるメソッド、「makeSceneTransitionAnimation」は、「Android 5.0」からの仕様です。

*

リスト7-19の定数「TRANSITION」が、「画面をつなげる共通部品名」です。

クラス「MainFragment」のはじめに、リスト7-20のように「文字列定数」として定義しておきます。

【リスト7-20】文字列定数「TRANSITION」を定義
```
static final String TRANSITION="transition";
```

値は何でもかまいません。このあと、「DetailFragment」の「TextView」にも同じ名前をつければ、両者がアニメーションでつながるのです。

*

「aOptions」は、メソッド「startActivity」の引数に渡すことができます。リスト7-21のように、「startActivity」の記述を書き換えます。

【リスト7-21】メソッド「startActivity」を書き換える
```
startActivity(intent, aOptions.toBundle());
```

*

以上、修正後のメソッド「onClick」の全文を示します。

【リスト7-22】修正後のメソッド「onClick」
```
@Override
public void onClick(View view){
```

第7章 アクティビティ・トランジション

```
    Intent intent=new Intent(getActivity(),
      DetailActivity.class);
    ActivityOptions aOptions=
      ActivityOptions.makeSceneTransitionAnimation(
        getActivity(), catText, TRANSITION
      );
    startActivity(intent, aOptions.toBundle());
}
```

■切り替わり先の画面遷移情報

●「setTransitionName」を用いる

　切り替わり先の画面では、自分の部品である「TextView」インスタンスの「catTextDetail」に、「共通部品名」を与えます。
　これには、メソッド「setTransitionName」を用います。

　「DetailFragment」のメソッド、「onCreateView」の中で取得したインスタンス「catTextDetail」に対して、**リスト7-23**のように使います。

【リスト7-23】切り替わり先の共通部品に名前をつける
```
catTextDetail.setTransitionName(TRANSITION);
```

　リスト7-23で、定数「TRANSITION」は、「DetailFragment」に**リスト7-20**と同じ値を定義しておきます。

＊

　アプリを実行して、**図7-2**のように、「AMESHO」の文字が二つの画面を飛び越えるようなアニメーションになることを確認してください。

　やや重い動作なので、アニメーションが途中で切れてしまうかもしれませんが、「仮想デバイス」を再起動するなど、負荷を少なくして何度か試してみましょう。

> ※完成したプロジェクト「SimpleActivityTransition」で作った各ファイルを、サンプルファイルの「sample/chap7/simpleactivitytransition/src」に収録しています。

＊

[7-4] より複雑なアプリでの「画面の切り替え」

以上で、「Activity Transition」の実現に必要な内容は終わりです。

最後に、同じ「Activity Transition」を、本当に複数の画像の中からクリックしたものの詳細が表示される**リスト7-3**のようなアプリにおいて、実現してみましょう。

次節では、「Android 5.0」に特有の新しい学習事項はないので、新機能だけを知りたい方は、次章に進んでください。

7-4 より複雑なアプリでの「画面の切り替え」

■「GridView」をクリックして「詳細画面」に進む

図7-2のようなアプリを作るには、前節までのアプリ「SimpleActivityTransition」に、以下のプログラムを加えます。

（1）「MainActivity」の画面を「GridView」（グリッド・ビュー）にする。
（2）「MainActivity」で選んだデータの情報を、「Intent」に付加。
（3）「DetailActivity」で、受け取った「Intent」の情報を取り出して使う。

ただし、実際には画面は「フラグメント」に描画します。
そのため、「MainActivity」「DetailActivity」のそれぞれに対応する「フラグメント」を作ります。

■プロジェクトの作成と準備

プロジェクト「MyActivityTransition」を作ります。
最低限、必要な準備は、以下の通りです。

● 画像ファイル

前章で「CatsList」を作ったときとまったく同じように、複数の画像ファイルを準備します。

● strings.xml

リスト7-24の文字列を登録しておきます。

第7章 アクティビティ・トランジション

　長い文字列は、「CatList」の「strings.xml」に書いた文字列とよく似ているので、コピーして適宜編集するといいでしょう。

【リスト7-24】「strings.xml」に追加する文字列

```xml
<string name="title_amesho">AMESHO</string>
<string name="title_himaraya">HIMA</string>
<string name="title_kuro">KURO</string>
<string name="title_mike">MIKE</string>
<string name="title_persian">PERSIA</string>

<string name="about_amesho">
アメリカン・ショートヘア。　明るい性格で気立てが良い。好奇心旺盛。太っても可愛いが、健康のため食生活には気をつけたい。
</string>

<string name="about_himaraya">
ヒマラヤン。　気品があり、もの静か。顔の毛が黒いので鼻が目立たず、青い目だけがのぞく感じが可愛い。
</string>

<string name="about_kuro">
黒猫。猫種に限らず黒い猫。賢い印象がある。金色の目と赤い首輪のイメージが定着だが、青や緑の目も多い。
</string>

<string name="about_mike">
三毛猫。ほとんどは雌猫なので、雌猫らしい性格が見られる。基本的にマイペースだがその性格がむしろ愛される。
</string>

<string name="about_persia">
ペルシャ。モフモフした丸い体型、大きく離れた目、鼻の低さが魅力。長い毛はからまないように、よく手入れしてあげたい。
</string>
```

●dimens.xml

　余白として用いるために、「margin_small」「margin_medium」「margin_large」などの値を、適当に登録しておきます。
　また、「DetailActivity」で表示する画像が大きすぎないように、「image_size_medium」の値を登録しておきます。

[7-4] より複雑なアプリでの「画面の切り替え」

重要な設定は、「グリッド（欄）の大きさ」です。
リスト7-25では、グリッド全体を「120dpi」（画面の3分の1か、4分の1）の大きさに決めています。
この中に、「画像」「文字列」「余白」が含まれます。

グリッドに表示する図は、この大きさに合わせて縮小するようにレイアウトを編集するので、グリッド上の画像の大きさを設定する必要はありません。

【リスト7-25】グリッドの大きさを与える定数
```
<dimen name="grid_size">120dp</dimen>
```

■「GridView」のレイアウト

●grid_item.xml

レイアウトファイル「grid_item.xml」を作り、「Grid」に載せる項目のレイアウトを、**リスト7-26**のように編集します。

部品は、画像を載せる「ImageView」と、画像のタイトルを載せる「TextView」で構成されています。

＊

大枠のレイアウトは、規則的なレイアウトの中では最も簡単な、「LinearLayout」にします。
また、レイアウトの幅と高さは、「grid_size」にします。

【リスト7-26】grid_item.xml
```xml
<?xml version="1.0" encoding="utf-8"?>
<LinearLayout xmlns:android=
"http://schemas.android.com/apk/res/android"
android:id="@+id/gridcontainer"
android:layout_width="@dimen/grid_size"
android:layout_height="@dimen/grid_size"
android:orientation="vertical">
  <ImageView
  android:layout_width="match_parent"
  android:layout_height="match_parent"
  android:id="@+id/gridimage"
  android:scaleType="centerCrop"
```

第7章 アクティビティ・トランジション

```
android:layout_weight="1" />
<TextView android:id="@+id/catTextMain"
  android:layout_width="match_parent"
  android:layout_height="wrap_content"
  android:textAppearance=
      "?android:attr/textAppearanceLarge"
  />

</LinearLayout>
```

リスト7-26の「ImageView」は、「グリッドの大きさ」に合わせて縮小するように、属性「scaleType」を「centerCrop」に設定します。

リスト7-27に示します。

【リスト7-27】「グリッドの大きさ」に合わせて縮小する
```
android:scaleType="centerCrop"
```

また、文字列が隠れないように、属性「layout_weight」を「1」にします（表示の優先順位を下げます）。

【リスト7-28】「TextView」に対して、表示の優先順位を下げる
```
android:layout_weight="1"
```

● grid_fragment.xml

「GridView」のレイアウトを載せる「フラグメント」です。

リスト7-29のように書きます。

【リスト7-29】grid_fragment.xml
```
<?xml version="1.0" encoding="utf-8"?>
<FrameLayout xmlns:android=
"http://schemas.android.com/apk/res/android"
android:layout_width="match_parent"
android:layout_height="match_parent">

  <GridView
    android:id="@+id/gridView"
    android:layout_width="match_parent"
    android:layout_height="wrap_content"
```

[7-4] より複雑なアプリでの「画面の切り替え」

```
  android:columnWidth="@dimen/grid_size"
  android:numColumns="auto_fit"
  android:padding="@dimen/margin_small"
  android:verticalSpacing="@dimen/margin_medium"
  android:layout_centerHorizontal="true"
  android:layout_marginLeft="@dimen/margin_medium"
  android:layout_marginRight="@dimen/margin_medium"/>

</FrameLayout>
```

リスト7-29では、大枠の「FrameLayout」の中に「GridView」が入っています。

*

「GridView」で重要なのは、「列の大きさ」を「グリッドの大きさ」に合わせることです。それに合わせて、「列の数」を自動調整します。

【リスト7-30】「グリッドの大きさ」に合わせて自動調整
```
android:columnWidth="@dimen/grid_size"
android:numColumns="auto_fit"
```

■「activity_main」のレイアウト

「activity_main」には、**第5章**からずっと行なってきたように、ダミーの「FrameLayout」を1つだけ置きます。
idは、「dummy_fragment」です。

■画面の切り替わり先のレイアウト

「detail_fragment.xml」と「detail.xml」は、「SimpleActivityTransition」とまったく同じように作ります。

以上で、XMLファイルの作成と編集は完了です。

■クラス「Cat」の定義

Javaのソースコードの作成と編集を始めます。
クラス「Cat」の定義ファイル「Cat.java」は、前章の「CatList」とまったく同じように作ります。

■「CatGridAdapter」の定義

●「BaseAdapter」のサブクラス

ソースファイル「CatGridAdapter.java」を作ります。

コードの書き方を順に解説していき、最後に**リスト7-35**で全体の構造をまとめます。

*

「GridView」は「android.widget」パッケージで与えられる部品です。

このパッケージにある「View」のサブクラスは、すべて「android.widget.BaseAdapter」のサブクラスをアダプタに用います。

【リスト7-31】「CatGridAdapter」の定義
```
public class CatGridAdapter extends BaseAdapter{
```

●「BaseAdapter」の特徴

「BaseAdapter」のサブクラスは、「ビュー・ホルダー」を必要としません。その代わり、まず「データセット」をメンバー変数にとります。

【リスト7-32】「データセット」をメンバー変数にする
```
private List<Cat> mCatList;

public CatGridAdapter(List<Cat> catList){
  mCatList=catList;
}
```

*

そして、メソッド「getView」を実装して、各欄を記述します。

「CatGridAdapter」では、**リスト7-33**のように実装します。

【リスト7-33】メソッド「getView」の実装
```
@Override
public View getView(int position, View view,
 ViewGroup viewGroup){
```

[7-4] より複雑なアプリでの「画面の切り替え」

```
if (view==null){
  view=LayoutInflater.from(viewGroup.getContext()
    ).inflate(R.layout.grid_item, viewGroup, false);

}
final Cat cat=getItem(position);
ImageView catImage=(ImageView)(view.findViewById(
  R.id.gridimage));
 catImage.setImageResource(cat.resourceId);

TextView catText=(TextView)(view.findViewById(
  R.id.catTextMain));
catText.setText(cat.titleId);

return view;
}
```

●他に実装すべきメソッド

他に実装しなければならないメソッドを、リスト7-34にまとめて示します。

【リスト7-34】他に実装するメソッド
```
@Override
public int getCount(){
  return mCatList.size();
}

@Override
public Cat getItem(int position){
  return mCatList.get(position);
}

@Override
public long getItemId(int position){
  return mCatList.get(position).resourceId;
}
```
*

以上、「CatGridAdapter」の構造は、リスト7-35のようになります。ただし、パッケージ名とインポートの宣言は省略します。

【リスト7-35】「CatGridAdapter」の構造

```
public class CatGridAdapter extends BaseAdapter{
   ……リスト7-32……
   ……リスト7-33……
   ……リスト7-34……
}
```

■「CatGridFragment」の定義

「CatGridFragment」の書き方を順に解説していき、最後にリスト7-45で全体の構造をまとめます。

●「イベント・リスナー」の実装

ソースファイル「CatGridFragment.java」を作ります。

「CatGridFragment」は「GridView」を載せて、それに「イベント・リスナー」をつけます。

「任意の欄（item）をクリックすると、その位置に応じて動作する」という、「OnItemClickListener」です。

このような「リスナー」は、「AdapterView.OnItemClickListener」の実装で実現します。
したがって、この「リスナー」をつけられる対象は、「GridView」「ListView」など、「AdapterView」のサブクラスのみです。

【リスト7-36】「イベント・リスナー」の実装

```
public class CatGridFragment extends Fragment implements
  AdapterView.OnItemClickListener{
```

●画面表示に必要なメンバー変数

リスト7-37は、画面表示に必要なメンバー変数です。

【リスト7-37】画面表示に必要なメンバー変数

```
protected GridView mGridView;
protected CatGridAdapter mAdapter;
protected List<Cat> mCatList;
```

[7-4] より複雑なアプリでの「画面の切り替え」

●データの受け渡しに用いる「識別値」

「Intent」にデータを渡すときの「識別値」に用いる定数は、リスト7-38の通りです。

「識別値」は、この後に記述する受け取る側の画面と整合性が取れていれば、どんな値でも自由です。

【リスト7-38】データの受け渡しに用いる「識別値」

```
static final String CAT_ID="cat_id";
static final String TEXT_ID="title_id";
static final String ABOUT_ID="about_id";
static final String TRANSITION="transition";
```

●「データセット」の作成

「データセット」の作成メソッドである「initDataset」を定義し、フラグメントのメソッドである「onCreate」で実行します。

これは、前章の「CatList」で、「CatViewFragment」の定義の中で行なったのと、まったく同じです。

■「CatGridFragment」の画面描画

●「onCreateView」で記述

「CatGridFragment」のコード解説を続けます。

画面を描画するメソッド、「onCreateView」の記述は、リスト7-39の通りです。

【リスト7-39】メソッド「onCreateView」

```
@Override
public View onCreateView(
 LayoutInflater inflater, ViewGroup container,
    Bundle savedInstanceState){

  View gView=inflater.inflate(R.layout.grid_fragment,
    container, false);

  mAdapter=new CatGridAdapter(mCatList);

  mGridView=(GridView) (gView.findViewById(
```

```
        R.id.gridView));

    mGridView.setAdapter(mAdapter);
    mGridView.setOnItemClickListener(this);

    return gView;
}
```

「フラグメント」のメソッドである「onCreateView」は、**第4章**から何度も書いてきたので、もう抵抗はないと思います。

●「データセット」を渡す

リスト7-39で重要なのは、「CatGridAdapter」のインスタンスを作るときに、「データセット」としてメンバー変数「mCatList」を渡すことです。リスト7-40に示します。

【リスト7-40】「CatGridAdapter」のインスタンスを作成

```
mAdapter=new CatGridAdapter(mCatList);
```

●「イベント・リスナー」をつける

また、「onCreateView」において、レイアウトである「gView」ではなく、「mGridView」のほうに「イベント・リスナー」をつけることも大切です。

用いる「イベント・リスナー」は、クリックした場所に応じて処理をする「OnItemClickListener」だからです。

【リスト7-41】「mGridView」に「イベント・リスナー」をつける

```
mGridView.setOnItemClickListener(this);
```

■「CatGridFragment」のイベント・メソッド

●メソッド「onItemClick」を実装

「CatGridFragment」で、「AdapterView.OnItemClickListener」のメソッド「onItemClick」を実装します。

【リスト7-42】メソッド「onItemClick」の実装

```
@Override
```

[7-4] より複雑なアプリでの「画面の切り替え」

```
public void onItemClick(AdapterView<?> adapterView,
    View itemView, int position, long id){
  Cat cat=(Cat)adapterView.getItemAtPosition(position);
  Intent intent=new Intent(getActivity(),
      DetailActivity.class);
  intent.putExtra(CAT_ID, cat.resourceId);
  intent.putExtra(TEXT_ID, cat.titleId);
  intent.putExtra(ABOUT_ID, cat.aboutId);

  ActivityOptions aOptions=
   ActivityOptions.makeSceneTransitionAnimation(
      getActivity(),
      itemView.findViewById(R.id.catTextMain),
      TRANSITION
   );

  startActivity(intent, aOptions.toBundle());
}
```

●クリックした項目のデータを渡す

メソッド「onItemClick」では、クリックした項目のインデックスから、「Cat」のインスタンスを得て、変数「cat」で保持します。

その「cat」のプロパティを、**リスト7-38**の「識別値」とともに、「Intent」のインスタンスに渡します。

【リスト7-43】メソッド「onItemClick」の実装

```
intent.putExtra(CAT_ID, cat.resourceId);
intent.putExtra(TEXT_ID, cat.titleId);
intent.putExtra(ABOUT_ID, cat.aboutId);
```

●「Activity Transition」の設定

ここではじめて、「SimpleActivityTransition」で試した、「ActivityTransition」の記述が出てきます。

「共有部品」とする「TextView」の決め方が、複雑です。

「TextView」は、各グリッドの欄にある「グリッド・アイテム」です。

そこで、引数のうち「itemView」で渡されてくる「View」から探し出します。

第7章 アクティビティ・トランジション

リスト7-44は、メソッド「makeSceneTransitionAnimation」に渡されている引数です。

【リスト7-44】「グリッド・アイテム」から「TextView」を探す
```
itemView.findViewById(R.id.catTextMain),
```

＊

以上で、クラス「CatGridFragment」の解説は終わりです。

だいぶ長いファイルになりますが、リスト7-45にその構造を示します。ただし、パッケージ名やインポートの宣言は省略します。

【リスト7-45】「CatGridFragment.java」の構造
```
public class CatGridFragment extends Fragment implements
 AdapterView.OnItemClickListener{

   ……リスト7-37……
   ……リスト7-38……

  @Override
  public void onCreate(Bundle savedInstanceState){
    super.onCreate(savedInstanceState);

    initDataset();
  }

   ……リスト7-42……
   ……リスト6-22(メソッドinitDataSet)……

}
```

■「DetailFragment」の特徴

「DetailFragment」の書き方を順に解説していき、最後にリスト7-49で全体の構造をまとめます。

●インテントのデータを受け取る

アプリ「MyActivityTransition」の「DetailFragment」では、識別値

[7-4] より複雑なアプリでの「画面の切り替え」

を頼りに、「Intent」インスタンスからデータを取り出します。

リスト7-46は、「識別値」を定数として定義したものです。
「CatGridFragment」における定数の値と、同じにしてあります。

【リスト7-46】インテントから値を取り出すための識別値
```
static final String CAT_ID="cat_id";
static final String TEXT_ID="title_id";
static final String ABOUT_ID="about_id";
```

＊

「DetailFragment」では、実装すべきメソッドは「onCreateView」だけです。

リスト7-47に示します。

【リスト7-47】メソッド「onCreateView」
```
@Override
public View onCreateView(LayoutInflater inflater,
   ViewGroup container, Bundle savedInstanceState){

  View dView=inflater.inflate(
    R.layout.detail_fragment, container,
      false);

  catImage=(ImageView)dView.findViewById(
    R.id.detailImage);
  catText=(TextView)dView.findViewById(
    R.id.catTextDetail);
  catAbout=(TextView)dView.findViewById(
    R.id.catAbout);

  int catID=getActivity().getIntent().getIntExtra(
    CAT_ID, 0);
  int titleID=getActivity().getIntent().getIntExtra(
    TEXT_ID, 0);
  int aboutID=getActivity().getIntent().getIntExtra(
    ABOUT_ID, 0);

  catImage.setImageResource(catID);
  catText.setText(titleID);
```

第7章 アクティビティ・トランジション

```
    catAbout.setText(aboutID);

    catText.setTransitionName(TRANSITION);

    return dView;
}
```

リスト7-47で「SimpleActivityTransition」と違うのは、「Intent」のインスタンスから値を取り出して、各部品に設定するところです。
リスト7-48に示します。

【リスト7-48】「SimpleActivityTransition」と違うところ
```
int catID=getActivity().getIntent().getIntExtra(
  CAT_ID, 0);
int titleID=getActivity().getIntent().getIntExtra(
  TEXT_ID, 0);
int aboutID=getActivity().getIntent().getIntExtra(
  ABOUT_ID, 0);
```

*

以上、「DetailFragment.java」の全体の構造を、リスト7-49に示します。
ただし、パッケージ名やインポートの宣言は省略します。

【リスト7-49】「DetailFragment.java」の構造
```
public class DetailFragment extends Fragment{
  ……リスト7-46……

  ImageView catImage;
  TextView catText;
  TextView catAbout;
  static final String TRANSITION="transition";

  ……リスト7-47……
}
```

[7-4] より複雑なアプリでの「画面の切り替え」

■アクティビティ

「MainActivity」は、**第5章**からの書き方と同じです。
導入する「フラグメント」のクラス名を、「CatGridFragment」にします。

「DetailActivity」は、「SimpleActivityTransition」とまったく同じです。

＊

アプリを実行すると、エミュレータではかなり動作が重いのですが、何度か動かして、確かめてください。

> ※完成したプロジェクト「MyActivityTransition」において作った各ファイルは、**サンプルファイルの**「sample/chap7/myactivitytransition/src」に収録しています。

＊

「MyActivityTransition」はかなりの量のプログラミングになりました。
しかし、「フラグメント」や「アダプタ」の考え方は**第4章**から何度も書いてきたので、少し仕様の異なる「GridView」でも理解しやすかったのではないでしょうか。

Memo

第8章

「通知」の新しい仕様

「Android 5.0」では、「通知」(Notification、ノーティフィケーション)に新しい仕様が加わりました。
この「通知」のプログラミングについても、確認していきましょう。

8-1 通知発行の基本

■プロジェクト「MyNotification」の作成と準備

●**本章で学ぶこと**

本章では、「Android 5.0」から加わった「通知」の新しい形式のうち、エミュレータでも確認しやすい、「公開性の設定」と「ヘッドアップ通知」について、解説していきます。

＊

「公開性」は、「Android5.0」になって、「ロック・スクリーンに通知の内容が表示する」という仕様が加わったことに伴う設定です。

「公開性」を「プライベート」や「シークレット」に設定することで、「ロック・スクリーン」に表示される通知内容の制限や、通知されないという「保護措置」が取られます。

図8-1 「ロック・スクリーン」に「通知」が表示されるようになった

[8-1] 通知発行の基本

「ヘッドアップ通知」は、プログラミングとしては新しいことはありません。

それまでの「フルスクリーン通知」が、「Android 5.0」の画面デザインの変更によって、「上部だけに大きめに表示」されるようになっただけです。

しかし、プログラミングで設定しなければ動作を確認できないので、手短に確認します。

図8-2 「通知バー」を越えて、作業中の画面に現われる「ヘッドアップ」通知

アクティビティが1つのプロジェクト、「MyNotification」を作り、以下の準備をします。

●カラーとスタイル

本章のアプリに「カラー」や「スタイル」は関係ありませんが、**第2章以降で使っている「カラー」と「スタイル」を使うと、見た目がよくなる**でしょう。

●起動アイコン

「起動アイコン」は、サンプルファイルの「sample/chap8/mynotification/pict」に、「mynotification.png」があるので利用してください。

■「Android Studio」での、「通知バーのアイコン」の作成
●「通知バー」にできる画像とは

「Android Studio」では、任意の画像を基に、「通知バーのアイコン」を自動で作成できます。

アイコンの基になる画像は、「透明」と「透明でない色」の2色構造となるように整えます。

第8章 「通知」の新しい仕様

たとえば、図8-3は「起動アイコン」ですが、「通知バーのアイコン」のひとつにも使います。

そこで、「鳥の形以外の場所」は透明になっています。さらに、「鳥の目」も表現するため、「鳥の目が書かれている線と丸」も透明です。

図8-3　白いところは「透明」にする

*

「通知バーのアイコン」を作るのは、「起動アイコン」や「ツール・バーのアイコン」を作るのと同じく、「Image Assets」の新規作成画面でできます。

「Asset Type」を、「Notification Icons」にします。

図8-4　「通知バー」用のアイコン

図8-4で作っているのは、アプリの「起動アイコン」と同じ形の「通知アイコン」で、「公開」通知を示すのに使います。

そこで、「Resource name」(リソース名)は、「ic_notice_public」にします。

※「notice」は「notification」と完全に同じ意味ではないようですが、名前が短いので使っています。

[8-1] 通知発行の基本

●dimens.xml
適当な大きさの「余白」を登録しておきます。

●strings.xml
最初の通知発行のために、リスト8-1に示す「文字列」を登録しておきます。

【リスト8-1】「strings.xml」の最低限必要な設定
```
<string name="notify">通知を発行</string>
<string name="title_public">
  公開通知（通知番号%1$d)</string>
<string name="content_public">
  メッセージを全表示</string>
<string name="toastMessage">
  通知が発行されました</string>
```

リスト8-1が示す文字列で、「notify」（ノーティファイ、通知をするという意味）は、ボタンに表示するラベルです。

また「title」「content」という接頭辞をもつ名前の文字列は、それぞれ「通知ウィンドウ」に表示する、「タイトル」と「説明」です。

「content_public」という名前で登録されている文字列には、「%1$d」という記号があります（「$」はドル記号）。

これは、プログラミング中で引数を入れることができる表記です。

「toastMessage」は、「通知」が発行されるたびに、「Toast」（トースト）と呼ばれる一時的なウィンドウに表示する、メッセージです。

■レイアウト

●フラグメントのレイアウト
フラグメントのレイアウトとして、レイアウトファイル「notice_fragment.xml」を作ります。

*

最初の構成は、ボタンが1つです。リスト8-2のようになります。

第8章 「通知」の新しい仕様

【リスト8-2】notice_fragment.xml

```xml
<?xml version="1.0" encoding="utf-8"?>
<LinearLayout xmlns:android=
"http://schemas.android.com/apk/res/android"
android:orientation="vertical"
android:layout_width="match_parent"
android:layout_height="match_parent"
android:paddingTop="@dimen/margin_large"
android:paddingLeft="@dimen/margin_medium">
  <Button
  android:layout_width="wrap_content"
  android:layout_height="wrap_content"
  android:text="@string/notify"
  android:id="@+id/notify_button"
  android:layout_gravity="center_horizontal"/>
</LinearLayout>
```

●アクティビティのレイアウト

「activity_main.xml」のレイアウトは、**第5章**からずっと同じです。

ダミーの「FrameLayout」を1つ作っておき、idを「dummy_fragment」にします。

■通知の操作を伴うフラグメント

●「NoticeFragment」を作成

Javaのクラス「NoticeFragment」のソースファイルを作ります。
このフラグメントで、「画面の表示」と「通知」を行ないます。

【リスト8-3】クラス「NoticeFragment」の定義

```java
public class NoticeFragment extends Fragment{
```

●部品のメンバ変数

画面に表示する部品のメンバ変数は、リスト8-4の通りボタンが1つです。

【リスト8-4】ボタンをメンバ変数に

```java
private Button mNoticeButton;
```

[8-1] 通知発行の基本

●通知に関するメンバー変数

通知に関して必要なメンバー変数は、まずリスト8-5のように「通知の管理」をする、「android.app.NotificationManager」のインスタンスです。

【リスト8-5】「NotificationManager」のインスタンス
```
private NotificationManager mNotificationManager;
```

それから、各「通知」を識別する整数値です。

【リスト8-6】通知の識別値
```
private int mNoticeId;
```

●「onCreateView」は簡単

フラグメントの画面を記述するメソッド、「onCreateView」の実装は、今回はリスト8-7のように、とても簡単です。

「レイアウトファイルを読み込んで、ビューのインスタンスを作る」だけです。

【リスト8-7】メソッド「onCreateView」の実装
```
@Override
public View onCreateView(LayoutInflater inflater,
   ViewGroup container,
    Bundle savedInstanceState){
    
  return inflater.inflate(
   R.layout.notice_fragment, container, false);

}
```

リスト8-7のように「onCreateView」が簡単なのは、このアプリが最初の画面を表示したり、画面表示を切り替えたりといった作業を、ほとんどしないからです。

ボタンを押した結果は、「通知バー」に現われます。

そこで、画面に関係ない作業は「onCreateView」以外のメソッドに書いたほうが、コードがスッキリします（実行時の負荷分散というほどの意

第8章 「通知」の新しい仕様

味はありません)。

●メソッド「onCreate」の実装

まず、フラグメントではあまり編集しないメソッド「onCreate」を、今回はリスト8-8のように実装します。

「NotificationManager」のインスタンスを作り、「通知の識別値」に整数「0」を割り当てておきます。

【リスト8-8】メソッド「onCreate」

```
@Override
public void onCreate(Bundle savedInstanceState){
  super.onCreate(savedInstanceState);

  mNotificationManager=
   (NotificationManager)getActivity()
    .getSystemService(Context.NOTIFICATION_SERVICE);
  mNoticeId=0;
}
```

●メソッド「onViewCreated」

「onViewCreated」というメソッドがあります。

「onCreateView」が「ビューを作るときに行なう作業」なのに対して、「onViewCreated」は「ビューが作られた直後に行なう作業」です。

【リスト8-9】メソッド「onViewCreated」

```
@Override
public void onViewCreated(View view,
 Bundle savedInstanceState){
  super.onViewCreated(view, savedInstanceState);

  mNoticeButton=(Button) view.findViewById(
   R.id.notify_button);
  mNoticeButton.setOnClickListener(
   new View.OnClickListener(){

    @Override
    public void onClick(View view){
```

[8-1] 通知発行の基本

```
        onNoticeButtonClick(view);
      }
    }
  );
}
```

リスト8-9の主な作業は、ボタン「mNoticeButton」に「イベント・リスナー」をつけることです。

※フラグメント自身が「イベント・リスナー」を実装しない理由は、このあと他の部品についても「イベント・リスナー」をつけたいので、フラグメント自身が2つも3つも「イベント・リスナー」を実装すると、プログラムが分かりにくくなるためです。書き方としては、間違いではありません。

リスト8-9で実装しているメソッドの中身は、この後に定義するメソッド「onNoticeButtonClick」を呼び出すだけにしてあります。

●メソッド「onNoticeButtonClick」

「onNoticeButtonClick」にも、すべての作業を書くことはしません。
この後に定義する、「createNotification」というメソッドを呼び出します。

【リスト8-10】メソッド「onNoticeButtonClick」

```
public void onNoticeButtonClick(View view){
  if (mNotificationManager !=null){
    mNotificationManager.notify(
      ++mNoticeId,
      createNotification());

    Toast.makeText(getActivity(),
      getString(R.string.toastMessage),
      Toast.LENGTH_SHORT).show();
  }
}
```

「createNotification」で作られるのは、「Notification」というクラスのインスタンスです。

「mNotificationManager」が「notify」というメソッドで、このインスタンスを「通知バー」に送ります。

その部分を、リスト8-11に示します。

「通知インスタンス」は、「識別値」を情報にもちます。

「識別値」は、通知を出すたびに「mNoticeId」の値を1つずつ増やすことで、このアプリが動作中の通知順序が守られます。

【リスト8-11】メソッド「notify」

```
mNotificationManager.notify(
 ++mNoticeId, createNotification());
```

ボタンを押して、通知を発行したことを分かりやすくするために、一時的なメッセージウィンドウである「Toast」を表示します。

リスト8-12にその部分を示しますが、とてもよく使われる書き方なので、慣れておくといいと思います。

【リスト8-12】「Toast」の出し方

```
Toast.makeText(getActivity(),
 getString(R.string.toastMessage),Toast.LENGTH_SHORT)
 .show();
```

● メソッド「createNotification」

いよいよ、実際に「通知」のインスタンスを作るメソッド、「createNotification」を定義します。

「通知」のインスタンスで最低限必要なのは、「通知アイコン」「通知のタイトル」と「本文」です。

> ※「本文」といってもあまり長いものは途中で切られて、簡単には見ることができないので、リスト8-1で「content_public」を定義したときには、手短にしました。

[8-1] 通知発行の基本

【リスト8-13】メソッド「createNotification」

```
Notification createNotification(){

  Notification.Builder notificationBuilder=
   new Notification.Builder(getActivity())
      .setContentTitle(
        String.format(getString(
        R.string.title_public), mNoticeId))
      .setContentText(getString(
        R.string.content_public))
      .setSmallIcon(R.drawable.ic_notice_public);

  return notificationBuilder.build();
}
```

「通知」のインスタンスの作り方は、簡単かつ特徴的です。

「Notification.Builder」というクラスのインスタンスに、情報を全部もたせてから、「build」というメソッドで、目的の「通知インスタンス」を得ます。

「Notification.Builder」のインスタンスは、リスト8-13では「notificationBuilder」という変数名を与えられていますが、最小限のインスタンスは、リスト8-14で完結しています。

【リスト8-14】「Notification.Builder」のインスタンス

```
new Notification.Builder(getActivity())
```

作られたインスタンスが「setContentTitle」や「setContentText」などのメソッドを呼ぶと、その戻り値は「Notification.Builder」のインスタンスになります。

そこで、リスト8-13の中に示したように、「ドット」でつないで、次々と情報をもたせることができるのです。

*

なお、「setContentTitle」では、文字列を「フォーマット」して、「strings.xml」で登録した文字列に引数を渡しています。

187

第8章 「通知」の新しい仕様

これで各「通知」は、「通知番号1」「通知番号2」のように、各「識別値」を表示できます。

この処理を、**リスト8-15**に示します。

【リスト8-15】文字列に引数を渡してフォーマット

```
String.format(
  getString(R.string.title_public), mNoticeId
)
```

＊

以上、「NoticeFragment.java」の全文を、**リスト8-16**に示します。

ここがしっかり書けると、「Android 5.0」の新機能はかなり楽なので、よくコードを確認してください。

なお、パッケージ名とインポートの宣言は省略します。

【リスト8-16】NoticeFragment.java

```java
public class NoticeFragment extends Fragment{

  private NotificationManager mNotificationManager;
  private Button mNoticeButton;
  private int mNoticeId;


  @Override
  public void onCreate(Bundle savedInstanceState){
    super.onCreate(savedInstanceState);

    mNotificationManager=
      (NotificationManager)getActivity()
      .getSystemService(Context.NOTIFICATION_SERVICE);

    mNoticeId=0;
  }

  @Override
  public View onCreateView(
      LayoutInflater inflater, ViewGroup container,
            Bundle savedInstanceState){
```

[8-1] 通知発行の基本

```java
    return inflater.inflate(
      R.layout.notice_fragment, container, false);

}

@Override
public void onViewCreated(View view,
    Bundle savedInstanceState){

  super.onViewCreated(view, savedInstanceState);

  mNoticeButton=(Button)view.findViewById(
    R.id.notify_button);

  mNoticeButton.setOnClickListener(
    new View.OnClickListener(){
     @Override
     public void onClick(View view){
       onNoticeButtonClick(view);
     }
  });
}

public void onNoticeButtonClick(View view){
   if (mNotificationManager !=null){
     mNotificationManager.notify(
         ++mNoticeId,
         createNotification());
     Toast.makeText(getActivity(),
         getString(R.string.toastMessage),
         Toast.LENGTH_SHORT).show();
   }
}
Notification createNotification(){
  Notification.Builder notificationBuilder=
   new Notification.Builder(getActivity())
    .setContentTitle(String.format(
      getString(R.string.title_public),mNoticeId))
    .setContentText(
      getString(R.string.content_public))
    .setSmallIcon(R.drawable.ic_notice_public);
```

第8章 「通知」の新しい仕様

```
    return notificationBuilder.build();
  }
}
```

● **アクティビティのソースファイル**

「MainActiity.java」の書き方は、**第5章**以降と同じです。
導入するフラグメントのクラス名を、「NoticeFragment」にしてください。

■動作確認

アプリを起動して「通知を発行」ボタンをクリックすると、「通知バー」にアプリのアイコンとよく似たものが出ます。

「通知アイコン」をクリックして、「通知」の中身を確かめてください。

図8-5 ボタンを押すと、「通知バー」に表示が出る

> ※ここまでのプロジェクト「MyNotification」において作った各ファイルを、サンプルファイルの「sample/chap8/mynotification/src1」に収録しています。

8-2 通知の公開性

■「通知の公開性」とは

● **クラス「Notification」の定数**

「通知の公開性」は、クラス「Notification」に「定数」として定義されています。
主に、「ロック・スクリーンに表示するかどうか」という性質で、**表8-1**のような仕様です。

[8-2] 通知の公開性

表8-1 クラス「Notification」に定義された、「通知の公開性」

定　数	意　味
VISIBILITY_PUBLIC	通常の公開性。「ロック・スクリーン」にすべての内容が表示される。
VISIBILITY_PRIVATE	制限された公開性。「ロック・スクリーン」には、「通知がある」ということだけが表示される。
VISIBILITY_SECRET	非公開。「ロック・スクリーン」上には表示されない。

●「ロック・スクリーン」の実現

　私たちが「仮想デバイス」で「ロック・スクリーン」を実現するには、「仮想デバイス」の画面を本物のデバイスのように操作して、「設定」において「スクリーン・ロック」を有効にしなければなりません。

　「スクリーン・ロック」に関する設定は、「セキュリティ」の項目で行ないます。

図8-6　設定の「セキュリティ」

　「スクリーン・ロック」のセキュリティ設定を、「Password」にします。

図8-7　「スクリーン・ロック」の解除を、「パスワード」にする

　すると、その場で「パスワードの設定」を求められます。

　以後、「スクリーン・ロック」を解除するのに必要になるので、しっかりと思い出せる内容にしてください。

■「公開性」を記述するクラス

●「公開性」に応じたシステムの挙動

　「公開性」で最も重要なのは、「通知ビルダー」に、たとえば**リスト8-17**のような設定をすることです。

　（「Notification.Builder」のインスタンスのことを、簡単に説明するために「通知ビルダー」と呼びます）。

第8章 「通知」の新しい仕様

【リスト8-17】「プライベート」に設定
```
setVisibility(Notification.VISIBILITY_PRIVATE)
```

これで、システム（Android 5.0）が、「ロック・スクリーン」におけるこの「通知」の挙動を決めてくれます。

●「公開性」ごとの文字列

しかし、「プライベートな通知」なら、「プライベートなアイコン」も必要でしょうし、「プライベートであることを説明する文字列」も必要です。

そこで、「strings.xml」で、「プライベート」と「シークレット」に対応する通知文字列を用意します。

【リスト8-18】「プライベート」と「シークレット」の文字列
```xml
<string name="title_private">
  微妙な通知 ( 通知番号%1$d)</string>
<string name="content_private">
  通知があったことだけ</string>
<string name="title_secret">
  非公開通知 ( 通知番号%1$d)</string>
<string name="content_secret">
  ロックスクリーンに表示しない</string>
```

●「公開性」ごとのアイコン

本書では「プライベート」と「シークレット」に、以下の「private.png」と「secret.png」から「通知アイコン」を作ります。

サンプルファイルの「sample/chap8/mynotification/pict」にあるので、利用してください。

「通知アイコン」のリソース名は、それぞれ「ic_notice_private」と「ic_notice_secret」にします。

図8-8　「プライベート用」(左)と「シークレット用」(右)のアイコン

[8-2] 通知の公開性

●「公開性」の情報を与えるクラス

リソースを用意した上で、「NotificationVisibility」という内部クラスを、リスト8-19のように作ります。

【リスト8-19】NotificationVisibility

```
class NotificationVisibility{

  int mInt_visibility;
  int mTitleId;
  int mContentId;
  int mIconResourceId;

  NotificationVisibility(int visibility){
    mInt_visibility=visibility;
    setVisibility();
  }

  void setVisibility(){
    switch (mInt_visibility){

      case (Notification.VISIBILITY_PRIVATE):
        mTitleId=R.string.title_private;
        mContentId=R.string.content_private;
        mIconResourceId=
          R.drawable.ic_notice_private;
      break;

      case (Notification.VISIBILITY_SECRET):
        mTitleId=R.string.title_secret;
        mContentId=R.string.content_secret;
        mIconResourceId=R.drawable.ic_notice_secret;
      break;

      default:
        mTitleId=R.string.title_public;
        mContentId=R.string.content_public;
        mIconResourceId=R.drawable.ic_notice_public;
      break;
    }
  }
```

第8章 「通知」の新しい仕様

```
int getTitleId(){
  return mTitleId;
}

int getContentId(){
  return mContentId;
}

int getIconResourceId(){
  return mIconResourceId;
}

int getVisibility(){
  return mInt_visibility;
}
}
```

●「NotifiationVisibility」の概要

　リスト8-19で定義したクラス「NotifiationVisibility」において、公開性が「プライベート」の通知を作るためには、まずインスタンスを**リスト8-20**のように、定数「Notification.VISIBILITY_PRIVATE」とともに作ります。

【リスト8-20】「プライベート」なインスタンス

```
visibility=new NotificationVisibility(
  Notification.VISIBILITY_PRIVATE);
```

　インスタンス「visibility」を用いると、「Notification. VISIBILITY_PRIVATE」という定数は、裸のままでなく、**リスト8-21**のように「visibility」のメソッドによって与えられます。

【リスト8-21】裸の定数でなくメソッドで与える

```
visibility.getVisibility()
```

　また、**リスト8-22**のように書けば、インスタンス作成のときに渡した「公開性」の定数に応じた文字列を与えることができます。

【リスト8-22】「インスタンスの公開性」に応じた文字列
```
getString(visibility.getContentId())
```

●「NotifiationVisibility」の実際

アプリ「MyNotification」の中で、「公開性」を考慮した「通知インスタンス」を作ります。

まず、メンバー変数「mVisibility」を作ります。

【リスト8-23】メンバー変数「mVisibility」
```
private NotificationVisibility mVisibility;
```

＊

「mVisibility」を用いて、メソッド「createNotification」を書き換えます。

リスト8-13で定義したときには、文字列やアイコンのリソースを直接出していましたが、書き換えた**リスト8-24**では、「mVisibility」のメソッドによって与えています。

【リスト8-24】メソッド「createNotification」の書き換え
```
Notification createNotification(){

  Notification.Builder notificationBuilder=
   new Notification.Builder(getActivity())
   .setVisibility(mVisibility.getVisibility())
   .setContentTitle(String.format(
     getString(mVisibility.getTitleId()),
     mNoticeId))
   .setContentText(getString(mVisibility.getContentId())
    )
   .setSmallIcon(mVisibility.getIconResourceId());

  return notificationBuilder.build();
}
```

●「ラジオ・ボタン」で公開性を選択

公開性は「ラジオ・ボタン」で選択します。そのために、「フラグメント」のレイアウトに変更を加えます。

第8章 「通知」の新しい仕様

「notice_fragment.xml」を編集します。

ボタンの上に「ラジオ・ボタン」がくるようにしますが、最初に「RadioGroup」(ラジオ・グループ)を置いて、その中に「RadioButton」を3つ置きます。

「ラジオ・グループ」と「3つのラジオ・ボタン」にも、それぞれidをつけます。

「デザイン・ビュー」でできる編集作業です。XMLはリスト8-25になります。

【リスト8-25】ボタンの上に追加する、「ラジオ・グループ」のXML

```xml
<RadioGroup
  android:layout_width="fill_parent"
  android:layout_height="wrap_content"
  android:id="@+id/visibility_group"
  android:orientation="vertical">

<RadioButton
  android:layout_width="wrap_content"
  android:layout_height="wrap_content"
  android:text="@string/is_public"
  android:id="@+id/radio_public"
  android:checked="true"
  android:layout_marginRight="@dimen/margin_small"/>

<RadioButton
  android:layout_width="wrap_content"
  android:layout_height="wrap_content"
  android:text="@string/is_private"
  android:id="@+id/radio_private"
  android:layout_marginRight="@dimen/margin_small"/>

<RadioButton
  android:layout_width="wrap_content"
  android:layout_height="wrap_content"
  android:text="@string/is_secret"
  android:id="@+id/radio_secret"/>
</RadioGroup>
```

[8-2] 通知の公開性

リスト8-25では、「パブリック」を表わす「ラジオ・ボタン」である、「radio_public」の属性の「checked」が、「true」になっています。

＊

なお、各「ラジオ・ボタン」のラベル（属性名は「text」）に与える文字列を、リスト8-26のように「strings.xml」に登録しておきます。

【リスト8-26】各「ラジオ・ボタン」のラベルとなる文字列
```
<string name="is_public">パブリック</string>
<string name="is_private">プライベート</string>
<string name="is_secret">シークレット</string>
```

●「ラジオ・ボタン」の値を受け取る

「ラジオ・ボタン」で選択した値を受け取るには、ソースコードにおいて、「RadioGroup.onCheckedChangedListener」を用います。

＊

まず、メンバー変数「mVisibilityGroup」を作ります。

【リスト8-27】メンバー変数「mVisibilityGroup」
```
private RadioGroup mVisibilityGroup;
```

＊

次に、メソッド「onVisibilityGroupCheckedChanged」を定義しておきます。

引数は、選択された「ラジオ・ボタン」のidを示す、「checkedId」が1つです。

【リスト8-28】メソッド「onVisibilityGroupCheckedChanged」
```
public void onVisibilityGroupCheckedChanged(
    int checkedId){

  switch (checkedId){
    case R.id.radio_private:
    mVisibility=
    new NotificationVisibility(
    Notification.VISIBILITY_PRIVATE);
```

第8章 「通知」の新しい仕様

```
    break;

  case R.id.radio_secret:
    mVisibility=new NotificationVisibility(
      Notification.VISIBILITY_SECRET);
    break;

  default:
    mVisibility=new NotificationVisibility(
      Notification.VISIBILITY_PUBLIC);
    break;
  }
}
```

●「ラジオ・グループ」に「イベント・リスナー」をつける

「ラジオ・グループ」に「イベント・リスナー」をつける作業は、メソッド「onViewCreated」の実装の中で行ないます。

「イベント・リスナー」は、「RadioGroup.OnCheckedChangedListener」の実装です。

イベント「onCheckedChangedListener」の中で、**リスト8-28**に定義した「onVisibilityGroupCheckedChanged」を呼び出します。

【リスト8-29】メソッド「onViewCreated」に追加

```
mVisibilityGroup=(RadioGroup)view.findViewById(
 R.id.visibility_group);

mVisibilityGroup.setOnCheckedChangeListener(
  new RadioGroup.OnCheckedChangeListener(){
  @Override
  public void onCheckedChanged(
    RadioGroup group, int checkedId){
     onVisibilityGroupCheckedChanged(checkedId);
    }
  }
);
```

[8-2] 通知の公開性

●最初の状態

「イベント・リスナー」は、イベントが起こらないと働かないので、起動直後の「mVisibility」の値は、「ラジオ・ボタン」に関係なく決めておかなければなりません。

起動して最初に呼ばれる「onCreate」の中で決めておくと、確実です。

【リスト8-30】メソッド「onCreate」の中で決める

```
mVisibility=new NotificationVisibility(
  Notification.VISIBILITY_PUBLIC);
```

■「ロック・スクリーン」上での動作確認

●アプリ画面での「通知発行」

まず、普通に起動したアプリ画面で、「通知」を発行しておかなければなりません。

図8-7において、「ロック・スクリーン」にパスワードをかけるようにしたので、起動した直後にもパスワードで画面を開かなければなりません。

これは少し不便ですが、動作確認のためなので、我慢してログインしてください。

アプリ画面で「パブリック」「プライベート」「シークレット」に公開性を設定して、それぞれ「通知」を発行します。

「ステータス・バー」上に、「公開性」に応じた「通知アイコン」が並ぶのを確認してください。

図8-9　3種類の公開性で通知を発行

第8章 「通知」の新しい仕様

●「エミュレータ」上で、スクリーンをロック

「エミュレータ」上でスクリーンをロックするには、「F7」キーを用います。

一度押すと、「スリープ状態」で画面が真っ暗になります。

そしてもう一度押すと、「ロック・スクリーン」が表示されます。
そこに、先ほど発行した通知が表示されているでしょう。

図8-10　「ロック・スクリーン」上に表示された「通知」

しかし、「公開性」を「シークレット」に設定した「通知」は現われません。
また、図8-11に示すように、「プライベート」に設定した通知は、内容が隠されています。

図8-11　中身が隠された通知もある

スクリーンのロックを解除して、画面に入ってください。
「通知バー」を引き出して「通知」を見ると、すべての「通知」が読めます。
「ロック・スクリーン」上のみ表示が制限されたことが分かります。

図8-12 ロック解除すれば、すべて見られる

＊

以上、「Android 5.0」から加わった通知の「公開性」の設定でした。

> ※ここまでのプロジェクト「MyNotification」において作った各ファイルを、サンプルファイルの「sample/chap8/mynotification/src2」に収録しています。

8-3 「ヘッドアップ型」の通知

■実は、これまでもやっていた

図8-2に示した「ヘッドアップ型」の通知は、これまでも実現していたプログラムの、外観だけが変わったものです。

＊

リスト8-31を見てください。

これは、「通知をフルスクリーンで操作中の画面の上に表示する」という形で、従来から書かれていたコードです。

【リスト8-31】通知をフルスクリーンで表示するためのコード

```
Intent fullscreen=new Intent();
fullscreen .addFlags(Intent.FLAG_ACTIVITY_NEW_TASK);
fullscreen .setClass(getActivity(), MainActivity.class);
PendingIntent fullScreenPendingIntent=
 PendingIntent.getActivity(
```

第8章 「通知」の新しい仕様

```
    getActivity(), 0, fullscreen ,
    PendingIntent.FLAG_CANCEL_CURRENT);
notificationBuilder
    .setFullScreenIntent(fullscreenPendingIntent,
    true);
```

　リスト8-31を見ると、「通知」も「アクティビティ」から「インテント」に情報を渡して呼び出されるインスタンスだということが分かります。

　ただし、呼び出し先の「アクティビティ」が破棄されても残るインスタンスということで、最終的には「PendingIntent」というインテントにまとめられます。
　このコードを「Android 5.0」で実行すると、「フルスクリーン」ではなく、上部にかぶさるように出てくる「ヘッドアップ通知」になるのです。
＊
　「フルスクリーン」よりはだいぶ大人しくなりましたが、それでも重要性の大きい通知だけにつけるようにしたいですね。

　通知に「優先度」をつけることは「Android 4.0」から可能です。
　そこで、このアプリ「MyNotification」に最後の編集を行ない、優先度の中から「Notification.PRIORITY_HIGH」という優先度だけを設定できるようにしてみましょう。

■優先度の設定

●「チェック・ボックス」が1つだけ

　レイアウトの編集は、「チェック・ボックス」を1つ追加するだけです。
＊
　「notice_fragment.xml」を開き、「ラジオ・グループ」の下に「チェック・ボックス」を置きます。XMLで書くとリスト8-32のようになります。

【リスト8-32】「チェック・ボックス」を1つ記入

```xml
<CheckBox
  android:layout_width="wrap_content"
  android:layout_height="wrap_content"
  android:text="@string/is_high_priority"
  android:id="@+id/checkPriority"/>
```

[8-3] 「ヘッドアップ型」の通知

　リスト8-32の中で、「チェック・ボックス」のラベル文字列「is_high_priority」は、「strings.xml」にリスト8-33のように登録しておきます。

【リスト8-33】「チェック・ボックス」のラベル文字列を登録
```
<string name="is_high_priority">優先</string>
```

●「チェック・ボックス」の値を受け取るプログラミング

　「チェック・ボックス」は「ラジオ・グループ」と違い、それがチェックされているかどうかだけが問題です。
　そして、このアプリにおいては、「ボタンを押したときにチェック・ボックスがオンかオフか」を確認すればいいだけなので、「リスナー」は不要です。

＊

　「NoticeFragment.java」を編集します。
　メンバー変数として、「mPriorityCheck」を作ります。

【リスト8-34】メンバー変数「mPriorityCheck」
```
private CheckBox mPriorityCheck;
```

　「mPriorityCheck」については、メソッド「onViewCreated」でインスタンスを作るだけです。

> ※「onCreateView」に書いてはいけないということはないのですが、「onCreateView」はリスト8-7において一文で完結した形にしたので、手を加えないことにします。

【リスト8-35】「onViewCreated」中で行なう
```
mPriorityCheck=
 (CheckBox)view.findViewById(R.id.checkPriority);
```

●「チェック・ボックス」がオンなら、「ヘッドアップ」にする

　最後に、「mPriorityCheckがオンなら」という作業です。
　通知の優先度を高くして、「ヘッドアップ」で現われるようにします。

　これは、メソッド「createNotifiction」の「最後」に書くことができます。

第8章 「通知」の新しい仕様

「最後」とは、メソッド「build」で「通知インスタンス」を作る直前です。リスト8-36のようにします。

【リスト8-36】「createNotification」で最後の情報に
```
if(mPriorityCheck.isChecked()){

  notificationBuilder.setPriority(
  Notification.PRIORITY_HIGH);

  Intent headsup=new Intent();
  headsup.addFlags(Intent.FLAG_ACTIVITY_NEW_TASK);
  headsup.setClass(getActivity(), MainActivity.class);

  PendingIntent headsupPendingIntent=
   PendingIntent.getActivity(
     getActivity(), 0, headsup,
     PendingIntent.FLAG_CANCEL_CURRENT);

  notificationBuilder.setFullScreenIntent(
    headsupPendingIntent, true);

}
//最後にこれがくる
return notificationBuilder.build();
```

リスト8-36では、リスト8-31で「fullscreen」「fullscreenPendingIntent」としていた変数名を、それぞれ「headsup」「headsupPendingIntent」という名前に変更しています。

また、「ヘッドアップ型」に様式を変更するだけでなく、「Notification.PRIORITY_HIGH」という定数を用いて、通知の優先度を実際に高くしています。

【リスト8-37】高い優先度を与える
```
notificationBuilder.setPriority(
 Notification.PRIORITY_HIGH);
```

[8-3] 「ヘッドアップ型」の通知

■動作の確認

アプリを実行します。スクリーンはロックされていないので、「公開性」は何でもかまいません。

「優先」という「チェック・ボックス」をオンにして通知を発行すると、「ヘッドアップ型」で通知が現われることを確認してください。

●優先度の確認

通知の内容に記されている「通知番号」の順番を確認してください。

通常は「通知番号」の大きい通知（後から発行した）ほど「上」にきますが、「優先」のチェックをつけたものは、常に通常の通知より「上」にきます。

図8-13　「通知番号5」が、「通知番号7」の上にきている

※完成したプロジェクト「MyNotification」において作った各ファイルを、サンプルファイルの「sample/chap8/mynotification/src3」に収録しています。

＊

以上、「Android 5.0」の新機能を中心に、Androidプログラミングを解説してきました。

コードが長いものもあって大変だったと思いますが、共通するところがたくさんあるので、章が進むほど楽になったのではないかと思います。

索引

50音順

《あ行》

- あ アイコン……………………………………55,60
  - アクション・バー……………………9,57,66,73
  - アクション・ボタン………………………9,73
  - アクセント色…………………………………48
  - アクティビティ……………………………22,70
  - アクティビティ・トランジション……………11
  - アダプタ………………………115,118,122,140
  - アップデート…………………………………23
  - アニメーション…………………………11,146
  - アプリの実行…………………………………30
- い イベント・メソッド…………………………81
  - イベント・リスナー……………………60,198
  - イメージ・アセット…………………………55
  - 色の指定………………………………………47
  - 色の名前を登録………………………………16
  - インストール…………………………………17
- う 浮かせて見せる…………………………68,84
- え エミュレーターのスクリーン・ロック…200

《か行》

- か カード・ビュー………………………………10
  - 開発環境………………………………………14
  - カラー・パレット……………………………47
  - 環境変数………………………………………16
- き 起動アイコン……………………………55,62

- 切り抜き……………………………………101
- こ 公開性…………………………………178,190
  - コンストラクタ……………………………100
  - コンパイル…………………………………112

《さ行》

- さ サポート・ライブラリ……………………110
- す スクリーン・ロック………………………191
  - スリープ状態………………………………200
- せ セキュリティ………………………………191
- そ 属性……………………………………………45
  - その他の新機能………………………………13

《た行》

- ち チェック・ボックス………………………202
- つ 通知……………………………………11,178
  - 通知の操作…………………………………182
  - 通知バー……………………………………179
  - 通知発行……………………………………199
  - ツール・バー……………………………9,57
- て テキスト・ビュー……………………………40
  - デザイン・ビュー……………………………40
- と トランジション……………………………146

《は行》

- は 配色……………………………………………46
  - パスワードの設定…………………………191
  - パッケージ……………………………………21

206

索引

	パレット	39
ひ	非公開	11
	ビュー・グループ	127
	ビュー・ホルダー	140
	ビルドツール	14
ふ	部品同士の位置関係	43
	部品同士の間隔	44
	フラグメント	102,122
	フルスクリーン通知	179,201
	フローティング・ボタン	9,84
	プロジェクトの設定	20
	プロジェクト・ビュー	34
へ	ヘッドアップ	12
	ヘッドアップ通知	179,201
ほ	補完機能	72
	ボタンの記号	93
	ボタンのシンボル	90
	ボタンの背景色	91

《ま行》

ま	マテリアル・デザイン	7,33
め	メニュー項目	65
	メンバー変数	74
も	文字の大きさ	45

《や行》

ゆ	優先度	201

《ら行》

ら	ラジオ・グループ	196
	ラジオ・ボタン	195
り	リサイクラー・ビュー	10
	リスト	107
	リソースファイル	34
	領域の枠の大きさ	44
れ	レイアウト・エディタ	14,37
	レイアウト・ファイル	37
ろ	ロック・スクリーン	11,178,191

アルファベット順

activity_main.xml	37
ADT	14
Android SDK	19
Android Studio	14,15
Android Studioの起動	18
AndroidManifest.xml	157
Android開発者サイト	15
Android仮想デバイス	26
ART	7
AVD Manager	27
CardView	127
colors.xml	49
dimens.xml	98
Eclipse	14
elevation	68
Gradle	14,111
item	65
MainActivity	71
menu_main.xml	63
onCreateView	103,123
RecyclerView	107
RGB表記	47
SDK	18
SDK Manager	24
strings.xml	35,53,63
styles.xml	35,.36,51
values	35
XMLファイルの編集	40

207

[著者略歴]

清水　美樹（しみず・みき）

東京都生まれ。
長年の宮城県仙台市での生活を経て、現在富山県富山市在住。
東北大学大学院工学研究科博士後期課程修了。
工学博士。同学研究助手を5年間勤める。
当時の専門は微粒子・コロイドなどの材料・化学系で、コンピュータやJavaは結婚退職後にほぼ独習。毎日が初心者の気持ちで、執筆に励む。

[著者略歴]

Swiftではじめる iOS アプリ開発
はじめての Swift プログラミング
Java8ではじめる「ラムダ式」
はじめての Markdown
はじめての iMovie ［改訂版］
はじめての サクラエディタ
はじめての Ruby on Rails 3
iPhone プログラミング入門
はじめての Scala
はじめての LaTeX
はじめての Net Beans
…他多数　　　　　　　（以上、工学社）

本書の内容に関するご質問は、
①返信用の切手を同封した手紙
②往復はがき
③ FAX (03) 5269-6031
　（返信先の FAX 番号を明記してください）
④ E-mail　editors@kohgakusha.co.jp
のいずれかで、工学社編集部あてにお願いします。
なお、電話によるお問い合わせはご遠慮ください。

サポートページは下記にあります。
【工学社サイト】http://www.kohgakusha.co.jp/

I/O BOOKS

はじめての「Android 5」プログラミング

平成27年2月15日 初版発行　©2015	著　者	清水　美樹
	編　集	I/O編集部
	発行人	星　正明
	発行所	株式会社 工学社
		〒160-0004 東京都新宿区四谷4-28-20 2F
	電話	(03)5269-2041(代) [営業]
		(03)5269-6041(代) [編集]
※定価はカバーに表示してあります。	振替口座	00150-6-22510

[印刷] シナノ印刷(株)

ISBN978-4-7775-1879-1